孩子情绪钝感力

给孩子的反脆弱指南

李小妃——著

天津出版传媒集团
天津科学技术出版社

图书在版编目（CIP）数据

孩子情绪钝感力 ： 给孩子的反脆弱指南 / 李小妃著
. -- 天津 ： 天津科学技术出版社， 2024.2
ISBN 978-7-5742-1745-4

Ⅰ. ①孩… Ⅱ. ①李… Ⅲ. ①儿童－情绪－自我控制
Ⅳ. ①B844.1

中国国家版本馆 CIP 数据核字（2024）第 017735 号

孩子情绪钝感力 ： 给孩子的反脆弱指南
HAIZI QINGXU DUNGANLI:GEI HAIZI DE FANCUIRUO ZHINAN
责任编辑：李晓琳
出　　版：天津出版传媒集团
　　　　　天津科学技术出版社
地　　址：天津市西康路 35 号
邮　　编：300051
电　　话：（022）23332695
发　　行：新华书店经销
印　　刷：唐山市铭诚印刷有限公司

开本 670×950　1/16　印张 11　字数 80 000
2024 年 2 月第 1 版第 1 次印刷
定价：46.00 元

前　言

PREFACE

我想要变强，你有好的方法吗？

此刻的你是否盼望着快点儿长大？是否在某个瞬间特别期待自己可以变成大人，变得勇敢、自信、乐观向上？

可是有些时候，你又会陷入苦闷之中，觉得自己很不争气，脆弱的心经受不起一点儿打击，想要改变，却找不到恰当的方法。

其实你已经发现了吧，在成长的过程中充满挑战，我们想要走得更远，登得更高，就需要学得更多，不断地充实自己，让自己拥有变强的力量，才能远离脆弱。真正的成长不仅是身体上的成长，还是心灵的成长。并且，心灵的成长需要更多的关注，才能使它更健康、更积极、更强大。

可现实却与理想有差距，尽管年纪变大了，心灵仍旧很脆弱。比如“玻璃心”，被人说两句就会眼含热泪，感到委屈；没自信，上课从来不敢主动举手回答问题，不敢表达自己内心的想法；敏感多疑，总觉得有同学在背后议论自己；怕犯错，失败了就一蹶不振……这样的我们就需要用钝感力来改变现状。

什么是钝感力呢？畅销书作家渡边淳一在《钝感力》一书中指出：钝感力是一种排除周围干扰、勇往直前的态度，强调的是对抗困境的一种耐力。

如果用一种更形象的说法来描述一下钝感力，它是一种温柔且“迟钝”的力量，是清风拂过山岗，是明月照着大江，它可以轻飘飘地对待那些失败或痛苦，不让其留下任何痕迹，给自己的心灵造成二次伤害。

钝感力可以让我们无惧风雨和坎坷，勇敢迎接挑战；可以使我们变得更自信，有信心应对生活中的难题、解决学习上的困难；也可以让我们变得更乐观，用积极向上的思维处理问题。当然，最重要的是，钝感力还可以守护我们的心，让它不再脆弱。

如果你的内心很脆弱，期待自己变强，那么，我建议你翻开这本书，它会告诉你如何用钝感思维面对和解决问题，怎样避免陷入脆弱的旋涡，用什么方法可以使自己变得独立、自信、勇敢和坚韧，如何处理人际关系、收获友谊，怎样管理自己的情绪，让自己的心态更平和。

那么，你准备好了吗？反脆弱学习的航海游轮马上就要启航啦！快点儿和我一起认真学习，成为“钝感超人”吧！

目录

CONTENTS

1 做一个拥有钝感力的小勇士

2 脆弱的我需要改变

3 独立做事我最强我要成为“钝感超人”

4 这些交友小秘诀让钝感力更上一层楼

5 不惧怕失败，激发心中的“钝感超能力”

6 哇，原来自信的我会闪闪发光

7 被欺负时，别害怕，勇敢地说“不”

8 学习中的难题也要用钝感思维解决

1

做一个拥有钝感力的小勇士

你知道反脆弱是什么意思吗？它仅仅就是脆弱的反义词吗？不，它是身体里的一股神秘力量，会快速地修复你敏感脆弱的神经，给你心灵的伤口抹上“灵丹妙药”，是你需要开发的修复力和坚韧力！现在，让我们一起学习这一课，共同了解反脆弱的力量吧！

我不是“脆弱不堪”

情景模拟

你有很“弱”的时候吗?

被人说了几句就不断地自我反省，觉得自己不好，茶不思饭不想，上课没精神，自信心受挫。

失败后不敢再做尝试，连提起这件事都觉得羞愧难当。

敏感，有点儿“草木皆兵”的感觉，看到同学说笑就以为他们是在嘲笑自己。

不敢对同学说“不”，经常答应身边同学的无理要求，心里感到很苦但说不出口。

当同学看到你不敢尝试，遇事总是想退缩时，对你说了一句:“你真是弱爆了！”此时的你会怎么回应呢?

脆弱做法

你会认为自己的确很弱，认为他们说的没有错。你在生活和学习的各个方面都表现得很脆弱，比如：经受不起任何打击，失败后会有“一朝被蛇咬，十年怕井绳”的感觉，没有信心再次重来，也不敢尝试和挑战没做过的事情。一直以来，你苦于无法改变自己敏感脆弱的心，你不想再脆弱下去了，但是又没有好的方法让自己变强。这一次，面对同学的嘲笑，你没有反驳，只是低着头默默走开。

反脆弱做法

你向同学承认自己不太勇敢，但绝不是脆弱不堪。你敢于面对自己的不足，这就说明你有变强的潜质，你可以跟同学说：“我只是目前比较弱，将来什么样还不一定呢，我有信心变强！”在这之后，你就会积极寻找使自己变强的方法。当面对生活和学习上的打击时，你会努力克服心理障碍，让自己的心不再脆弱。

通关秘籍

虽然你不够勇敢，给人一种脆弱不堪的感觉，但你不甘于此，想要将内心变得强大，那么不妨试试以下方法。

● 培养一种钝感思维，用“迟钝的力量”给心灵撑起一把“防护伞”，大智若愚地对待身边发生的一切。

比如，当面对同学的嘲笑和质疑时，别急着否定或反驳，反应迟钝一些，当作没听见，坚持自己的想法；当考试成绩不理想时，告诉自己没关系，学霸也有做错题的时候，偶尔的失利很正常。

●快速忘掉不快乐的事，屏蔽能让自己产生负面情绪的人或事，减少不必要的精神负担。

当被老师批评时，别一直纠结，要马上忘掉。如果你记了一年，那么就等于被批评了一年。应该立刻忘掉被批评这件事，将精力放在自己身上，去学习，去做题，去交朋友。

● 放下所谓的面子，不乱想，不过度思虑。你没有自己想象的那样重要，同样地，你也没有自己想象的那样不堪。

唱歌跑调，演讲忘词，做实验失败，交朋友被拒绝……你认为发生这些事后会被身边的人嘲笑一辈子，可实际上他们根本不会记得这些事。你自怨自艾，觉得自己没用，连这点儿小事都做不好，可你也有很多优点，是闪闪发光的。

● 坚定目标，坚持走自己选择的路，永远不要停止挑战。

别被自己的脆弱吓倒，哪里“弱”就制订计划去强大哪里。比如：胆子小不敢尝试，就写下自己一直想做却不敢挑战的事，让爸爸妈妈或好朋友帮自己，随机挑选一件事，然后勇敢且独立地尝试，并记录自己的感受。这样你就会发现，事情一旦被做了就不难了。

- 练就自己坦然且平和的心态。

面对流言蜚语时要坦然，因为身正不怕影子斜；遇到挫折时不退缩，哪怕连续挑战失败也无妨，告诉自己再试一次；感谢他人的嫉妒和嘲讽，让自己认识到努力的价值；受到表扬时不骄傲，得意忘形不可有……

让自己的脸皮厚一点儿，让自己的心果敢和坚韧一点儿，这样，我们在面对挑战或困难时的心态就会变得坦然且平和，脆弱感减少了，我们就会活得更自在。

作者有话说

你知道吗？当年少的你被贴上“脆弱”的标签后，你就会出于本能地情绪低落，这是人之常情，是再寻常不过的反应。脆弱，它虽然可以反映我们对待问题的态度，但不能代表我们的全部。我们可以脆弱一阵子，但绝不能脆弱一辈子。

要知道，此刻的我们正处在充满挑战的人生初期，世间万物都在等着我们去探索，应有“初生牛犊不怕虎”的勇气。在探索的过程中，我们势必要学习一些生存技能，以应对不断变化的人生，挑战自我。这个过程就像是进入游戏中选择角色，有些人脆弱敏感，有些人果敢坚强。所以，脆弱也好，敏感也罢，我们都有机会扭转全局。

现在就开始试着培养自己的钝感力吧！掌握钝感的技能，战胜脆弱！我们要勇敢地告诉别人：“我不是脆弱不堪，我也可以是钝感超人！”

我才不要做爱哭的“林妹妹”

情景模拟

你经常流眼泪吗？被老师或父母批评两句就会哭出来，被同学拒绝后会眼泪汪汪，做错事会哭，被别人讨厌也会哭，失败了会懊悔地哭，成功了会喜极而泣……总之，泪水仿佛流不尽，还会被冠上“林妹妹”的称号。

这一天，你看到排在前面的同学因为背诵课文没过关，联想到老师说的“不会背的同学要上台做检讨”，顿时焦虑不安，害怕自己过不了关。由于心态不平和，你发挥失常，老师刚点评几句，你的眼眶就红了。这时，旁边的同学对你说：“真是爱哭鬼，我就知道你过不了关。”接下来，你会怎么回答他？

脆弱做法

你感到羞愧难当，眼睛更红了，泪水在眼眶里打转。你不想哭，可控制不住自己的情绪。你感到非常自责，痛恨自己为什么如此脆弱，现在又在全班同学面前哭鼻子，更是觉得抬不起头，你在心里想：“他们说得没错，我真是个爱哭的‘林妹妹’。”

反脆弱做法

你握紧拳头给自己打气，对那位同学说：“我才不是爱哭鬼，请不要给我贴标签。”

虽然现在的你遇到事情就会哭，会控制不住难过的情绪，但你知道自己不会一直这样。你要拒绝周围人给你贴标签，还可以跟那位同学沟通：“你不能嘲笑我，我知道哭不能解决问题，同学之间应该互相帮助，你有什么办法帮助我变坚强吗？”你开始绝地反击，更加努力地背课文，避免再次被老师批评，告诉自己“不要哭！要坚强！”。

通关秘籍

如果你遇到难事就哭，那么有什么诀窍可以改变现状呢？

- 给自己时间调节悲伤的情绪，不自责，不关注其他人的看法，将注意力放在自己身上，不在哭泣时做决定。

- 要先自我安慰：“哭是正常的情绪表现，不要因此感到羞愧。”然后告诉自己，哭解决不了任何问题，对自己说：“我要改变！一定有比哭更管用的解决办法。”

- 当情绪平稳后，告诉自己要勇敢地面对，分析自己哭的原因，对症下药，找到解决问题的办法。

- 慢慢改掉哭的习惯。

方法一：自我暗示。当你感觉要哭时，使劲握紧自己的双手，用手部的力量转移注意力。默默对自己说：“不要哭！不要哭！

不要哭！”

方法二：暴露疗法。即制造条件让自己暴露在可以哭的场景中，可以借助想象力，分三步进行。第一步，想象一下这些场景：你碰倒了电视机被爸爸说，做错事被老师点名批评，跑步时摔倒，写好的作业被弟弟撕了等等。第二步，让自己说出想象这些事情发生时的感觉，害怕发生什么事。可能是担心爸爸不再喜欢自己，老师对自己失望，跑步成绩作废，作业写不完会被老师批评等等。第三步，逐条分析，在分析的过程中知道让我们感到可怕的事不会发生：爸爸依然爱自己如珍宝，我们这次跑步的成绩作废了还能补考，作业被撕了就再写一遍，我们还有时间重写，这样不仅能写得更好，还能加深记忆。

方法三：自我提升法。告诉自己，我们在人生中会遇到很多困难，眼前的一切磨难都是浮云，只有自己变强，才有机会更上一层楼。成绩差就回归书本，摔倒了就爬起来。有些事最难的只是勇敢按下“开始键”，一旦开始做了就容易多了。

作者有话说

行为心理学认为，习惯是人的第二天性。当我们一旦养成遇事就哭的习惯，在今后的生活中就会不断重复这个过程，这样不仅影响自己成长，还会给身边的人造成困扰。

哭是人的本能反应。我们首先要接纳它，允许自己哭。但哭要有节制，要分场合。必要时，要将哭转化成行动力。

我知道要克服自己内心的脆弱，改掉哭的习惯很难，也懂得当悲伤或委屈涌上心头时的痛苦。可你要知道，当你在哭时，当你觉得无助、觉得自卑时，你身体中的每一个细胞都在和你并肩作战，你做的每一个决定，身体中的每一个器官都在全力以赴地执行。你完全可以信赖自己，坚信自己有改变的力量。

改变的核心在于自己，我们终究要靠自己的力量去完成一个个挑战。相信自己，你绝不是爱哭的“林妹妹”，而是一个内心柔软的“小天使”。

爸爸，我一定可以像你一样勇敢

情景模拟

在生活中，我们或许会遇到许多“危险的事情”，这些事情是偶然发生，需要应急处理，我们要用“钝感思维”积极应对。比如，你和妈妈一起乘坐电梯上楼，突然“哐当”一声，电梯出现故障，此时电梯里只有你和妈妈两个人，妈妈由于低血糖发作瘫坐在地上。面对这种情况，你会如何应对呢？

脆弱做法

“天哪！我该怎么办？”

你的耳边不断浮现出类似的声音，并且感到心跳加快，手脚发抖。你很无助，不知道应该怎么做，一瞬间，恐惧和担忧一齐涌上心头。你完全没办法集中精神思考，怎么也想不起来之前爸爸教给你的应急处理办法。虽然你不能像爸爸那样冷静、勇敢，但是你按了电梯上的报警按钮，抱着妈妈等待救援，期盼着快点儿有人打开电梯门救你们出去。

反脆弱做法

电梯骤停的一瞬间，虽然你感到非常害怕，但是你的脑海中浮现出了爸爸的话：“遇事冷静，别惊慌。”

你立刻将电梯所在楼层以下的所有按钮按亮，防止电梯制动后向下滑落。然后，你按下报警按钮，请求物业安排人员来救援。

接着，你拿出包里的糖喂给妈妈，用书给妈妈扇风，并且和妈妈一起坐在地上保持体力，等待救援。这一系列行动一气呵成，虽然你的手在发抖，安慰妈妈的声音也颤抖着，但你此刻充满了力量和信心。

通关秘籍

如果遇到比较危险的事情，你会勇敢地面对吗？在生活中，要怎样才能变成像爸爸一样勇敢的人呢？

● 勇敢的前提是懂得自我保护。在保证自己安全的情况下，鼓励自己勇敢一些。但勇敢不是冲动，而是智慧地采取行动。

在面对危险或难关时，我们可以用以下三个步骤“化险为夷”：

第一步，沉着冷静，从容不迫，心不要慌乱，要沉稳。深呼吸，告诉自己别害怕，给自己打气。

第二步，学会思考，不盲目跟风，有分辨真假与对错的能力，判断自己能否独立应对当前的危险。比如：你在路上遇到抢劫他人的坏人，这时不要盲目地冲上去帮忙，要先保护好自己，用智慧解决问题。你可以大声呼救，找周围的成年男子帮忙，也可以打电话报警等。再举个例子，你在路上碰到一位老奶奶，她让你去某家商店帮忙买吃的。这时你就要思考，这有可能是坏人在利用你的同情心，想要设计圈套绑架你。因为成年人一般不会找小孩子帮忙，如果对方纠缠不清，你可以直接建议她找警察帮忙。

第三步，当你自己心态稳定，经过思考后发现自己可以做到，就勇敢地尝试。踏出第一步很难，你要说服自己，也要相信自己。比如，家里风扇的电线因为老化而起火，因为你之前有过独立灭火的经验，所以没有害怕，冷静地关闭总电闸，接着用小型家用灭火器对准火源进行灭火。

● 站出来帮忙很勇敢，但有时不站出来也是一种勇敢，不要有“不帮即有罪”的想法。我们先要保护好自己，然后才能保护他人。

● 找一个身边的榜样，用榜样的力量进行自我激励。

在我们眼中，爸爸就是勇敢的代名词。在日常生活中，我们要向爸爸学习，做一个勇敢的人。比如敢于承担责任，自己的事情自己做；敢于承认错误，知错就改，善莫大焉；敢于挑战，做一些有益的事，提升自己的生活和学习能力；敢于拒绝不正确的事；敢于面对失败……

- 变勇敢是一个漫长的过程，我们要等待自己的蜕变。

作者有话说

勇敢的对立面不是懦弱，我们鼓励你勇敢，但是你不一定要在任何方面都表现得很勇敢。

或许我举一个例子会让你更好理解，你不爱说话，不擅长表达自己，只要一想到改变，要变得外向，你就感到很累，不舒服。如果可以选择，你宁愿一个人看书，也不愿意出去交际。现在我告诉你，坚定地选择一个人看书是勇敢的，努力做自己就是勇敢。我们允许自己保持内向、不爱说话，选择最舒服、最适合自己的方式生活。但是，在需要你发言时，需要你维护自己的权益时，你要有站出来的勇气，要有敢为自己搏一搏的能力。

需要勇敢时，我们可以站起来，去做，去挑战！不需要勇敢时，我们也要允许自己被大人守护。

拥有“玻璃心”的你也可以爬上金字塔的塔尖

情景模拟

老师布置了看图写英文作文的作业，于是你和几个好朋友一起交流。其中一位同学说：“我觉得好难啊，我要放弃英文作文了，每次都写不好。而且我好像有颗“玻璃心”，老师一说我，我就不开心，想放弃，我根本不相信自己能写好。”另一位同学说：“我也是，每次写我都会感到头疼，还总写跑题，看来我是不能得高分了。”听到好朋友这样说，你有什么办法说服他们继续努力写英文作文吗？

脆弱做法

你看着自己的英文作文陷入沉思，觉得自己也有颗“玻璃心”，经受不了打击，上次英语老师还当着全班同学的面点评你的作文：单词拼写错误，语法有错误，句子写的不通顺，还写跑题了。算了，别说鼓励同学继续学了，你连自己都说服不了，还是放弃吧。你无声哀叹一句：“哎，看来‘玻璃心’的我注定无法登上金字塔的顶端了。”

反脆弱做法

虽然你有颗“玻璃心”，一时间改变不了现状，被人点评时会感到难过，会伤心很久，但你没有放弃，还在坚持练习写英文作文。你坚信“玻璃心”的自己也能成为学霸，也有更上一层楼的机会。于是你对那两位同学说：“上个月老师点评我写的作文，说我写得很差，我按照她的方法背单词和句子，做了很多看图说话的练习。今天老师夸我啦，说我有进步，写的句子更通顺了。所以你们也不要放弃，有进步就是成功！”

你鼓励了同学，大家一起学习，互相帮助！你坚信终有一天能攻破英文作文这一难关！

通关秘籍

如果你有颗“玻璃心”，你要怎样改变自己的“易碎”现状呢？

- 正确认识“玻璃心”，接纳自己的脆弱，看到自己的优点。

换一个角度看待自己的“玻璃心”，我们并没有别人说的那么脆弱，只是内心比较敏感，对外界的人或事物的感知比较强烈。“玻璃心”在一定程度上的确会给我们的生活造成小困扰。比如会使我们经受不起打击和失败，动不动就哭，情绪反应强烈等。但缺点和优点是并存的。比如，你比别人更坚韧，不会轻易放弃，更善良，会乐于助人等。我们既要看见自己的脆弱，也要看见自己的优点。

- 尝试改变现状，给自己的心增加“保护伞”。

a. 自我提升。通过学习充实自己，找到自己的兴趣和爱好，将时间用在“刀刃”上，而不是沉浸在“自己很弱”的世界中。

b. 反省和分析自己“玻璃心”的一面。可以每周进行一次自我反省和总结，将这一周令自己感到敏感的事情写出来，写下你当时是如何做的，现在冷静地想一想，用什么办法解决更适合。将自己的答案写出来，下次再遇到相似的情况时可以进行验证。

c. 和平时聊得来的同学或好朋友进行交流，倾听对方给自己的建议。交流的过程要心态平和，情绪稳定，用旁观者的视角看自己，有则改之，无则加勉。这样的话，自己会越来越好，和同学的友谊也会越来越坚固。

d. 向家长或老师寻求帮助，告诉他们自己的困难，听一听长辈给自己的建议。

e. 找一个成功的榜样激励自己。如果你身边有同学也有颗“玻璃心”，那么你们可以互相鼓励，一起向榜样学习。当其中一个人改变后，另一个人就会更有信心了。

● “玻璃心”不会彻底消除，但是可以肯定的是，你会越来越坚强。

想要彻底消除“易碎”心理是不现实的，它像负面情绪一样，会时不时地出来刷新存在感。与其强行消除、彻底改变，不如与它和谐共处，从脆弱、敏感给自己带来的低落情绪中走出来，将精力放在解决问题上。多给自己试错的机会，你一定会成为更好的自己。

作者有话说

你知道吗？沉浸在已经发生的错误或失败事件中，会让自己感到更加痛苦。之所以会有如此脆弱的“玻璃心”，就是因为你不肯走出低落的情绪，任其一直伤害自己。

举一个例子，你在考试时因为马虎丢了分，导致最后失去代表班级参加学校英语竞赛的机会。假如你将这次失误放在心里反复琢磨、懊悔、自责，那么这些负面情绪就会化做一支支利箭插入你的心头，再坚强的心也会变脆弱。

所以，我们要学会“放过自己”，看淡失败本身，给自己多一些理解和接纳，然后再进行自我提升，去学习，去奋斗。

记住这一点，只要你不放弃自己，有颗“玻璃心”的你也可以爬上金字塔的顶端！

2

脆弱的我 需要改变

你会陷入完美主义情结中走不出来吗？你会嫉妒别人的反脆弱力量强吗？为什么周围的同学进步快，你却在原地踏步？快翻开本章看看吧！

接纳不完美的自己

情景模拟

你是一个对自己要求严格的小学生，凡事追求完美。具体表现在这些方面：写作业不仅追求速度和正确率，还要保持字迹工整；随堂测验也追求满分，喜欢被老师夸奖；不做没把握的事情，做事之前会做好万全准备，自己会在第一时间放弃做没把握的事……你很享受被同学羡慕和追捧的感觉，喜欢和期待被老师表扬。虽然保持完美很累，但你乐在其中，希望永远完美下去。可是今天你遇到了人生中第一个“不完美”：本以为万无一失的演讲比赛，由于麦克风频繁卡麦，你没有发挥好，最终与第一名失之交臂。这个时候，你会怎么面对这次“不完美”呢？

脆弱做法

你无法面对自己的不完美，认为那是不可原谅的错误。这次打击令你一蹶不振。你觉得很不安，一直被失败的阴影笼罩着，不仅茶饭不思，连上课都低着头，不再和老师互动。你不知道该怎么办，感到很无助，又不敢向他人倾诉，因为你不想让身边的人看到你示弱的样子。你只好忍着心底的难过，黯然神伤，独自面对失败。脑海中仿佛有个声音在说：“做不到完美，你就是个失败者！”

反脆弱做法

你微微一笑，对自己说：“不完美的感觉也超级棒，虽然麦克风出现问题，但是我坚持下来了，虽败犹荣！”你曾经一直坚持完美主义，对自己过于严苛，时间久了你已经不堪重负，你已经意识到自己需要改变。完美固然很好，但不完美也没有错，因为万物皆有裂痕，不完美其实也很美。这次的失败恰好是契机，你并没有被打击得溃不成军，反而发现自己的内在潜力——临场发挥能力。你从中领悟出一个道理——就算做了十足的准备，也有可能出现小变故，凡事要放平心态，接纳不完美的自己！

通关秘籍

如果你有完美主义心理，应该如何调整呢？

● 要辩证地看待完美主义，简单来说就是了解完美情结的优缺点。以完美的标准要求自己，能让自己更自律，提高学习能力。但过度地追求完美容易让自己陷入情绪怪圈：没有达到自己心中完美的标准就会感到焦虑、不安、情绪低落。不完美就好像是一击重锤落在心上，心态不好的人会被击溃，甚至自我怀疑和产生自卑心理，认为自己没有用。

我们提倡适度地追求完美，适当地提高标准，告诉自己："相信自己，试着去做，不要有压力。"不苛求完美的结果，你可以说："哦，这样就很好了，我发挥出了自己最好的水平。"

● 面对不完美时，及时舒缓自己的情绪。分享以下三个小窍门给你。

a. 催眠法。用积极向上的语言给自己催眠，增强自信心，赶走焦虑。“别怀疑，失败了你也是最棒的！”“你比上次有进步，别灰心，下次会更好！”“不就是失败嘛！明天又是美好的一天！”找机会“喝鸡汤”，制造“糖衣炮弹”，谁也打击不了你的自信心。

b. 躺平法。这里的“躺平”并不是指偷懒，而是给紧张的心放个假。暂时告别内卷，像一休哥一样“休息，休息一会儿”。对着美好的景色发呆也好，听音乐放松也好，躺在你松软的床上休息一会儿也好。总之，停下来，一切烦恼都等你“满血复活”后再解决。

c. 劳动法。“劳其筋骨”也是转移注意力的一种有效方法，这样做可以消耗掉自己身上过多的负能量。例如，你可以在小区绕圈跑步，用工具清除杂草，拔掉一根草，烦恼就少一点。一切能使自己感到劳累的运动都可以尝试，但同时要保证安全。当你又饿又累地回到家吃一顿妈妈做的菜时，一切烦恼就统统都忘了。

● 允许自己失败，不完美证明你还有进步的空间，你要在每次的不完美中找到改进的方法。如果你害怕失败，就可以用暴露疗法让自己经历一次失败，认真感受它，告诉自己失败了，你恐惧或害怕的事情不一定会发生。失败或不完美没有那么可怕。

作者有话说

莱昂纳德·科恩曾说过一句很感人的话：“万物皆有裂痕，

那是光照进来的地方。”

缺点和不足就像是裂痕，无论是谁，包括你我，想要正面面对就要鼓起很大的勇气。或许，那些不完美的存在恰恰证明了你我皆是普通人，如沧海一粟，如宇宙尘埃，渺小、平凡、有缺点。虽然当情绪不好时我们会发脾气，难过时会哭，失败时会沮丧，成功时会开心。但我们不甘于平凡，普通却也有鸿鹄之志，不完美的地方终究会驱动我们去积极面对，看到照进我们生命里的光。

不要让嫉妒成为阻碍成长的“绊脚石”

情景模拟

你听过类似的内容吗？

“看你表姐多厉害，每次考试成绩都很好，你也跟她学一学，一样都是上课，怎么差距那么大呢！”

“邻居家的弟弟奥数比赛得奖了，你数学能及格我就感到万幸了。”

“她这点儿进步根本不算什么，还是你家孩子优秀，英语一百分呢！”

当有人把你跟“别人家的孩子”做比较时，你是什么心情呢？

脆弱做法

钝感力不强的你瞬间觉得“别人家的孩子”是个宝，而你是一根草。与别人相比，你一事无成，有数不尽的缺点。于是嫉妒的小火苗开始燃烧，俨然有燎原之势。你嫉妒其他人比你优秀，同时也为自己的无能感到自卑。你不敢当面反驳，只能憋在心底无声地反抗：“我才不和他们学呢，我讨厌他们！”

反脆弱做法

面对如此的比较，你感到不舒服，于是勇敢地说出自己的想法：“我是独一无二的，不和任何人比较！”你不会因为被比较而感到自卑，也不会因为别人比自己优秀而产生嫉妒心。相反，你会将优秀的人当成学习的榜样，学习他们身上的优点，并且找机会和他们交流，了解自己的不足，吸取他们提升成绩的经验。被比较不会不开心，反而会激发你的斗志。你告诉自己：“嫉妒是绊脚石！我要立刻踢走它！”

通关秘籍

嫉妒就像一团可以吞噬一切美好的火焰，稍有不慎就会伤人伤己。当嫉妒在你的心底扎根时，应该怎么做才能将它拔除呢？

- 好好学习，多读书，开阔自己的视野和见识，遇事宽容、豁达。

- 正确认识自己的不足，客观地评价自己。不要学习成绩一进步就骄傲自满，一遇到比自己强的同学就嫉妒，要相信天外有天，人外有人，当自己技不如人时就要正视自己的缺点和不足。

- 不和别人做比较，和自己比，只要自己比从前有进步就是成长。不和学习比自己好的同学比成绩，要和自己上一次的考试成绩比，列一个成绩表，哪怕成绩下降也没关系，找到原因去改进就可以了。

- 当嫉妒来临时我们要及时干预，别任其发展。转移自己的注意力，将关注点放在如何提升自己上。

作者有话说

“嫉妒”这个词看起来很不友好，如果用一种颜色来形容它，我想应该是红色的。当嫉妒出现时，一系列的负面情绪随之而来，愤怒、焦虑、害怕……它会带来复杂的连锁反应，将自己带入一个逼仄的地方。虽然嫉妒不好，我们不希望它出现，但是当它出现后，也不要感到羞愧，因为这是人之常情，重要的是如何面对。

你知道吗？嫉妒这阵风会吹过每一个人的心头，留下它，它就会成为绊脚石，任它吹走，你就能成长。很多事情本身不可怕，可怕的是我们失去了抵抗的心。所以，心态很重要。

答应我，当嫉妒这股风吹过来时，你要微微一笑，潇洒地挥手。别被嫉妒迷了双眼，让它将你困在狭窄的角落，这不应是你落脚的地方，你的未来应是更广阔的天地！

去做！别担心未发生的事情！

情景模拟

小学五年级的某一天，语文老师跟大家说："现在有一个给偏远山区同学写信的活动，我们班分到七个名额，会写信的同学可以踊跃参加哦！"假如你很感兴趣，会立刻抓住这次机会举手报名吗？

脆弱做法

你对这个活动很感兴趣，很想举手参加，但你有许多顾虑。比如，马上就上小学六年级了，你怕以后没时间写信；担心父母不同意，会认为这是与学习无关的事，占用了你的学习时间；担心自己写字不好看会被同学笑，也害怕自己不会写信，忘记信的格式。在你犹豫不决的时候，写信的名额很快被其他同学占满。

于是你又开始懊悔："要是我刚才举手就好了。"可如果发生类似的事情你还是会犹豫，担心还未发生的事，最终失去许多锻炼自己的机会。

反脆弱做法

你很想参加这次活动，在老师鼓励大家报名时，你率先举手，抓住一个写信的名额。你的想法是："想做就做，犹豫不决不是我的风格！"虽然你从未写过信，不记得写信的格式，但是没关系，你对自己有绝对的信心。于是你开始查资料，将写信的要领记下来，然后想了一段鼓励对方努力学习的话，很快就写完了一封信。你拿着信封说："这次做得很不错！下次我还要踊跃报名！"

通关秘籍

如果你总是担心还未发生的事情，就会给自己带来沉重的心理负担，导致做事犹犹豫豫。有什么办法可以解决这个烦恼吗？

- 当你意识到自己已经开始担心未发生的事情时，立即停止担忧和焦虑，不做过多的内耗，想办法改变，可以试试以下方法。

a. 暗示法。用语言打断内心的忧虑，对自己说："快停下来，这不是真的，是想象的，不要相信！"深呼吸，用力击掌，用声音提醒自己脑海里想的事情并没有发生。

b. 交流法。与好朋友或父母沟通，将自己担忧和焦虑的事说出来。说出来的过程就是在释放焦虑，稳定紧张的心情。

c. 移情法。是指转移注意力，将精力放在其他方面。比如写作业、读课文、背单词、做数学题，让自己有“脚踏实地”的感觉，而不是沉浸于脑海中的“虚无缥缈”。

● 想办法让自己变强，增强自信心。学习和积累知识，增加知识的储备量，你学到的东西都是做事的底气。加强实践，学以致用，提高动手能力，可以从简单的小事做起，积累信心。

● 形成一种固定的思维，即遇到事情不多想，做就对了。可以在家里和父母一起做个小游戏，先将几件有难度的事情写在便签上，再将便签折起来或揉成团，随机抽取一个后让父母读出来。你要立即说“可以！我可以试试！”不要被问题难倒，要相信办法总比问题多。这样可以改变自己犹豫不决的性格，也可以免去担忧的环节。

● 当想做一件事时就去做，别被周围人的声音干扰。他们不是你，也代表不了你，每个人的能力、见解和视野都不一样，只要是你认定的正确的事就大胆地去做！

作者有话说

你知道吗？很多时候击溃我们的并不是难题，也不是竞争对手，而是我们自己。我们将过多的精力放在内耗上，担心还未发生的事情，结果就是筋疲力尽，不战而败。

前美国海豹突击队队员马库斯·鲁特埃勒在他的《孤独的幸存者》一书中提到一个很特别的事情。众所周知，特战队的训练非常艰苦。他们训练的地方有一口钟，若有队员熬不下去时可以敲响它，这样就可以离开训练基地。值得一提的是，选择退出的队员都是在晚上敲响它，而不是艰苦训练的白天。

心理学家对这种现象进行了分析，发现白天的训练虽然辛苦，但是大家都没有时间想太多，所以可以坚持下去。可是到了清冷孤寂的漫漫长夜，大家躺在床上就会担心明天还会有残酷的训练，越想越害怕，心理防线崩溃的队员最终选择了放弃。

对未发生的事情提前焦虑和担心，往往会腐蚀你的行动力和自信心。有效的办法就是不要想，大胆地去做。

你在担心什么呢？你正处在人生中最美好的阶段，拥有不可限量的未来，无论做什么，父母永远是你坚实的后盾。错了又怎样？再试一次就好！自己能力不足又如何？学习相应的知识就行啦！你本就处在人生初期的学习阶段，有试错的资本和机会。别担心，勇敢地朝着心中的目标前进吧！大胆地放手去做吧！

我不想“一步登天”，我要脚踏实地

情景模拟

班级里有一位同学写的文章在杂志上发表了，全班同学都在传阅那本杂志，语文老师让她上台分享写作经验。你很羡慕，希望自己有一天也可以站在讲台上分享写作心得，成为大家的榜样。听完这位同学的分享后，你下定决心也要投稿，你会怎么做呢？

脆弱做法

你觉得自己写的文章很不错，杂志社一定会刊登你的文章。于是你很快写了一篇发送出去，但是邮件发出后就如同石沉大海般没了回音，而跟你一起发邮件的同桌收到了杂志社的回复。你很失落，这才意识到自己的写作水平不高，应该提高写作能力。但你妄想“一步登天”，期待不付出努力就能成功。于是你的意志在幻想中被消磨，最后也没实现自己的目标，只是一边看着周围的同学进步，一边感慨自己不行。

反脆弱做法

你不会妄想“一步登天”，也不做不切合实际的幻想。你对自己说：“我要脚踏实地，我不害怕付出辛苦！”你了解到那位在杂志上发表文章的同学付出了很多努力，只有经过一定量的积累，写文章的水平才会有质的提升。于是你开始通过大量阅读来扩展知识面，做大量的写作练习，还会反复修改写完的文章，会总结自己的写作经验，反省不足。经过你的不懈努力，终于在三个月后发表了一篇文章。你对同学们说：“想要成功就要付出努力！别怕失败！我可以，你们也一定能行！”

通关秘籍

学习写作文也好，解决生活中的难题也罢，当你脆弱、敏感时，就要快速变身“钝感超人”。可凡事不可能一蹴而就，要如何说服自己不再幻想一步到位，而是脚踏实地做事呢？

- 首先要明确不切合实际的幻想只是望梅止渴，会让自己懈怠，渴望不劳而获。

- 改变现状需要量的积累，经过时间的见证才会有质的飞跃。想要自己不再脆弱、敏感，拥有钝感力，就需要一点一滴地积累，一步一个脚印地慢慢走，别心急。做任何事都要先勇敢面对，付出努力才会有回报，才能看到自己的改变。

多做事，积累经验，用积极的心态面对。遇事不慌、不着急，也不畏首畏尾，按下开始键，大胆去做。

- 改变是一个长期的过程，我们在掌握通关秘籍后还需要经过大量的实践，才能找到最适合自己的方法。

- 细化自己的目标。任何远大的志向都是由一个个小目标组成，当小目标一个接一个地实现后，距离终极目标的实现就更近一些。

作者有话说

曾几何时，我也幻想过自己写的书能够畅销百万册，一本封神，但事实上，能够实现这一目标的作者是凤毛麟角。做事不能只靠幻想，我们以为的无心插柳，其实都是付出努力后的水到渠成。想要实现目标还需要躬身学习，努力增加自己的知识储备，让自己变得更强。

如果你不够勇敢，遇事表现得脆弱、敏感、多思多虑，那么就需要培养自己的钝感力，让自己在面对任何不好的事时都“钝”一些。不要在乎失败，我们在意的是失败后是否有重新来过的决心，是否有“浮云吹作雪，世味煮成茶”的洒脱；不要在乎低谷，我们在意的是自己是否有勇气触底反弹，是否有“海压竹枝低复举，风吹山脚晦还明”的信心。

一切都没什么好怕的，你想要的一切都能依靠自己的力量实现。拿到反脆弱的“通关秘籍”后也不要松懈，而是要继续加油呀！

3

独立做事
我最强
我要成为
“钝感超人”

从这里开始，你将踏上反脆弱学习的航海邮轮！它将载着你走进反脆弱的世界，告诉你方法，你要开始认真学习啦！一定要找到捷径呀！

妈妈替我做决定是想更好地保护我吧

情景模拟

从上小学开始，凡事都不用你亲力亲为，在你还在思考如何去做时，父母早已替你安排好，替你做了选择。这一天，同学邀请你参加保护海洋生物的环保活动。你很想答应，但妈妈认为这个活动存在危险性，担心万一你被海浪卷到大海里怎么办？她认为你可以选择一些相对安全的室内活动，比如去博物馆看展览，或者去看儿童话剧。这时你会怎么做？是继续让妈妈做决定，还是自己做选择呢？

脆弱做法

妈妈总是不让你做决定，你会想："妈妈是不相信我可以做好吗？看来我真的不能独立做事，连选择都做不好。"你认为妈妈不相信你，觉得你自己做不好选择，一定会把事情搞砸。面对妈妈做出的决定，你不敢反驳，尽管你不喜欢这个决定，你还是按照妈妈的决定和要求去做。这一次你也是按照妈妈的要求选择了室内活动。渐渐地，你失去了独立做事的自信心，没有妈妈帮你做决定，你感觉寸步难行。

反脆弱做法

你知道妈妈不让你做决定是为了更好地保护你，不想让你受伤害。但是你也知道要依靠自己的力量成长，要学会自己做决定。父母不会一直替你做决定，未来的路要靠自己走下去。你试着改变，决定和同学参加环保活动，并跟妈妈说：“妈妈，你要相信我可以保护好自己，我们不做危险的事，只在沙滩上捡垃圾。”

通关秘籍

父母总是替你做决定，有什么诀窍改变这一点吗？

● 首先要认清“替你做决定”这件事是于成长益处不大的，要有自我改变的意识。简单来说，就是本应该由你做决定和做选择，应该锻炼你的能力了，可父母替你做了，你少了一个磨炼自己的机会，成长自然会变慢，最后变得“啥也不会”，遇事会习惯性地都听家长的，变得没有主见。

● 与父母进行有效沟通，避免暴力反抗。

父母的出发点是善良的，他们想要你少走一些弯路，替你做决定不是不相信你有能力可以做好，而是想要更好地保护你。我们在做出改变时，不要简单粗暴地反抗：“我的事儿不用你管！再也别替我做决定了！我是不会听的！”父母不是我们的敌人，与他们沟通时要注意礼貌和策略，可以这样说：“爸爸，妈妈，我知道你们替我做决定是为了我好，但我要成长，需要自己做决定，这样将来才有能力独立做事。”跟父母细心交流，让他们也做出改变，将事情的决定权放在你手里。

● 改变要循序渐进，在一次又一次做决定的过程中塑造强大的内心。我们不仅要敢于做决定，还要敢于面对相应的结果。

可以从生活中的小事开始做决定，比如，自己决定穿什么衣服，制订自己的学习计划，通过什么运动方式放松等。再为大一点儿的事做决定。比如，决定上哪种兴趣班，取消哪项课外活动，下学期的学习目标是什么等。不惧怕选择，同时也要有“落子无悔”

的精神，坦然地面对自己做的决定会带来的任何后果。

● 决定也有做错的时候，当遇到困难和阻碍，觉得难以进行下去时，不要懊悔，也别自责，更不要怀疑自己是不是不该乱做决定。要有“虽千万人而吾往矣”的精神，哪怕这个决定做错了，也要相信自己在下次做决定时能吸取经验，考虑周全。

作者有话说

你知道吗？父母替我们做决定，并不是怀疑我们的能力，他们只是想为我们建造一个“桃花源”，扫清我们前行路上可能出现的荆棘，让我们能够毫不费力地爬上金字塔的顶端。他们的出发点源于对我们的爱，但他们用错了方法。

现在我们有足够强的认知能力，也可以独立做事，就不想让父母再替我们做决定。但要注意哦，和父母“对抗”时要温柔点儿，说话和缓些，多一些说服的技巧，少一些强横的态度。毕竟站在对面的是最爱我们的爸爸和妈妈啊！答应我，当你遇到类似的事情，别用尖锐的话反抗父母，要给他们足够的尊重。

自己的事情自己做，我是自己的“指挥官”

情景模拟

老师让同学们做手抄报，要发挥自己的奇思妙想，主题不限，内容要有意义。你刚要开始做作业，妈妈却为了节省你的时间，一边指挥你准备做手抄报要用到的文具，一边在纸上涂涂写写，说：“我帮你做手抄报，这样你就有时间做数学题了。”你会怎样回应呢？

脆弱做法

你已经习惯了让妈妈帮你安排学习和生活上的事情。有时你感觉很轻松，觉得省去了许多麻烦。可再遇到相同的事情时，你还是不会做，动手和思考能力停滞不前。你想改变，但没有独立做事的信心，担心自己做不好，遇到难题会下意识地问妈妈，让她帮你解决。这一次也是一样，你按照妈妈的要求准备做手抄报的文具，手抄报的内容几乎是妈妈做的，你只是按照妈妈的要求粘贴了几片树叶，写了几个字。虽然你很快就完成了，但你依旧不知道怎么做好一份手抄报。你对自己说："算了，就这样吧，反正都已经完成了。"

反脆弱做法

你认为自己的事情就要自己做。从短期来看，有妈妈帮忙的确会节省时间，但从长远来看，这并不利于你思考和动手能力的提升，再遇到类似的事情你还是不会做。你开始觉醒，要做出改变，于是你对妈妈说："妈妈，我可以自己做手抄报，我有信心可以完成得很好。"拒绝妈妈的帮忙是你改变的第一步，你开始积极思考做手抄报需要的内容，用捡来的树叶拼图。虽然最后做完的成果不完美，甚至有些丑，但是没关系，你对自己说："加油，自己动手做的手抄报才更有意义。我要做自己的指挥官！指挥我自己做事！"

通关秘籍

你的动手能力不强，一想到独立做事就头疼，不知从何处下手。你想要改变，但妈妈总是抢先一步帮你做事，你该怎么做呢？

- 有主动改变的意识，不被轻松的"糖衣炮弹"迷惑，任何一次偷懒都会阻碍你独立做事。你要告诉自己："有妈妈帮忙真的很幸福，但我要独立做事，这样才能成长。”

● 和妈妈沟通，表明心迹，告诉她你要自己做事。拒绝妈妈的帮忙要有策略，态度要好，还要让妈妈相信你有能力做好。可以将你的想法说出来，你要怎么做，分几步完成，大概需要多长时间。告诉妈妈：“放心吧，妈妈，我已经想好怎么做了，这件事就交给我吧！”

● 抓住自己独立做事的机会。学习上的事情要亲力亲为，比如自己制订学习计划、设定学习目标、管理学习时间等。在生活上做一些力所能及的事情来锻炼自己，比如洗菜、刷碗，洗自己的袜子和内衣、整理屋子、扫地、拖地等。做这些小事不仅能增加自己对家庭的责任感，还能提高自己独立生活的能力。

● 独立做事的同时也不要忽视合作的力量，当依靠自己的力量完不成时，可以借助他人的力量。不要觉得不好意思，一个人的力量终归有限，你还处在学习和成长阶段，做不好没关系，别否定自己，别怀疑自己，也别在意他人的眼光，你可以向比我们能力强的人学习。

作者有话说

你知道吗？如果可以，妈妈一定会一直帮助你，守护你，让你将来在辗转奔波时可以有枝可依。

但我们终会长大，妈妈也不会一直在一旁守护。所以，我们在长大之前就要学习相应的知识，掌握足够的技能，锻炼自己做事的能力，将来才能独立生活。学习上的苦我们要自己吃，生活中的坎坷我们要自己度过，那些难做的事情并不是洪水猛兽，而是磨砺我们能力的磨刀石。

所以，我们真的要认真地跟妈妈谈谈心，告诉她们：“妈妈，现在就是放手的时候了，请给我机会独立做事吧！”

我要移走“拖延”和“磨蹭”这两座大山

情景模拟

暑假的某一天，你独自一人在家写作业，速度很慢，效率不高。你一会儿觉得椅子不舒服，在床上躺了一会儿，又吃了点儿水果；一会儿觉得暑气重，在出去买雪糕时碰到同学，约定下午一起玩一会儿。写作业的事情被你一拖再拖，时间都被琐事填满，不知不觉就到了晚上。当妈妈回来检查你的作业时，发现你的练习册只写了一道题，催促道：“你怎么还没写完作业？一整天都在磨蹭什么？”这时你会怎么回答呢？

脆弱做法

你选择不回答，低着头什么都不说。你做事一直都很磨蹭，做什么事都拖延，根本不可能“今日事今日毕”。也罢，就“破罐子破摔”吧。

一直以来，你都在妈妈的催促下做事，妈妈推一下，你就走一步。如果没有人约束，你就变得很不自律，管理不好自己的时间，一个人根本写不完作业。看来，你是改不了磨蹭和拖延的坏习惯了。

反脆弱做法

你对自己磨蹭和拖延的习惯感到羞愧，一时半刻还找不到好的方法克服。但你有一颗不服输的心，你在心底呼喊：“不能一直这样，我一定能改掉磨蹭和拖延的坏习惯！”给自己鼓劲儿后，你无惧妈妈生气的眼神，勇敢地跟她说："妈妈，我也不知道怎么回事，每次放假都管不好自己，时间一晃就过去了，您有什么办法能让我不再磨蹭吗？"你有决心变得自律，挪走磨蹭和拖延这两座大山。那么，就从制订假期计划开始吧！

通关秘籍

如果你做事很磨蹭，缺乏自主做事的动力，经常拖延，你知道该如何改变吗？

● 给自己定一个目标，目标要明确、具体、具有挑战性和时限性。以写假期作业为例，每天定一个小目标，如星期一下午三点前做完语文、数学和英语的一单元内容，星期二下午五点前写完一篇作文等。除了每日目标，还有周目标，如每周完成假期作业的五分之一。确立目标可以从总体到细化，先确定月度目标，再划分周目标，最后细化到日目标。

● 根据确定的目标制订计划。如果你的目标是"今日上午十一点前将卧室收拾干净”，那么就要把握好叠被、扫地、拖地、整理书桌等事情的时间。按照计划去做，保证按时完成目标。

● 设置一个自己感兴趣的奖励，进行自我激励。比如，按时完成某项任务后就可以看一集动画片，出去打篮球一小时，让奖励变成你做事的动力。

● 超时惩罚必不可少，自己定一个惩罚措施。如果没有按时完成计划，将事情拖延到第二天，就惩罚自己做家务，或出去跑步半小时。

● 借助榜样的力量督促自己不要磨蹭，向他们学习。找一个自律能力强的人做榜样，可以是父母，也可以是身边的同学。当拖延和磨蹭的行为初露端倪时，想一想自己的榜样是如何做的，告诉自己立刻行动起来！

● 利用一些有趣的方法打败磨蹭心理。比如番茄学习法，将自己要做的事情按照轻重缓急列在纸上，按下番茄钟，即计时器，专注做事 25 分钟，然后休息 5 分钟继续下一个番茄钟时间，4 个番茄钟时间结束后可做一些自己喜欢的事情放松一下。

作者有话说

自驱力是磨蹭和拖延的“克星”，我们要发掘独立做事的驱动力，在无人监督和催促的情况下高效自主地做事。

如果你有磨蹭或拖延的习惯，总是不能按时完成任务或作业，别犹豫，要立刻改掉这个坏习惯。拖延是很舒服，但它会阻碍我们的发展，磨蹭也很轻松，但它会消磨我们的毅力。保持自律很苦，需要付出巨大的努力，但它会塑造你的人生，让你的未来更美好、更自由、有更多的选择。所以，从现在开始努力移走阻挡你前行的“两座大山”吧！

独立思考，我有信心能做到

情景模拟

你和爸爸在放学的路上接到一份宣传单，上面写着：游乐场开业大吉，邀你免费畅玩。这时爸爸问你：“你觉得这个靠谱吗？咱们应不应该去呢？”你会怎么回答爸爸呢？

脆弱做法

你在心里想：“爸爸为什么要问我呢？我怎么知道它是否靠谱呢？”从前都是爸爸分析，遇到问题也是爸爸思考怎么解决，思考问题太让人感到头疼了。对于眼前这个问题你完全没有思路，不知道怎么回答。算了，自己还小，完全不会思考，还是让爸爸分析这张宣传单吧，这样更简单，还能快速地做决定。于是你回答说：“我不知道啊！爸爸，还是您来做决定吧。”

反脆弱做法

听到爸爸询问你的看法，将去不去的决定交给你来做，你感到很兴奋，觉得这样非常有挑战！你在心里默默想着：“这是爸爸在鼓励我独立思考，我一定要好好想一想！”

于是你想起爸爸之前教的“批判性思维”，他告诉你遇事要先保持怀疑的态度，于是你开始模仿爸爸之前的做法来进行分析：“参加免费活动的人一定很多，需要排队。明天是周末，那么人会更多，这样我们在游乐场的大多数时间都会在排队，体验感太差。我觉得还是不去了。”爸爸对你的分析表示很赞同，他说：“你分析得很棒！下次遇到问题也要好好思考怎么做，你可以的！”

通关秘籍

如果你遇事不愿意思考，总是等着别人告诉你怎么做，有什么方法可以改变吗？

- 要有改变现状的意识，知道独立思考的好处。主动思考可以提高解决问题的能力，思考的过程会被我们加深记忆，下次遇到类似的问题就能独立解决。

比如遇到不会做的题，第一反应不应该是直接问老师或同学，而是先自己思考、研究这道题，知道它考察的是什么知识点，再回归书本去复习例题。如果还是不会再去求助其他人，知道解题思路后也要想想自己欠缺的是什么，下次要怎么应对。

独立思考是一种技能，我们要勤于思考，在日常生活和学习中磨炼它。

● 主动寻找或创造独立思考的机会，培养一种思维模式：遇事不慌—主动思考—积极解决。

影响我们主动思考的因素有两方面——外因和内因。下面让我们从这两方面入手，寻找独立思考的机会。

a. 当外部因素影响我们思考时要恰当地“反抗”或“拒绝”。比如在你思考之前，父母就已经说出了解决方案，你可以跟他们说：“爸爸、妈妈，请给我一点时间，我可以自己想出解决办法。”让父母把解决问题的机会留给你，让你尝试自己思考。

b. 内因方面就是自己，我们要战胜内心的“脆弱”。很多时候，我们在遇到难题时会下意识地退缩，脑海中浮现“如果有人帮忙就好了”的想法，主观上向往轻松，不想费力去思考。出现类似的想法很正常，有人帮忙固然很好，但长此以往我们就会失去思考和动手的能力。不妨从现在开始给自己鼓励：“我能行，我要自己想办法解决。”

● 培养自己的批判性思维。比如你在学校听到传言：某同学因为早恋而导致学习成绩下滑。这时就要利用批判性思维，即提出问题—寻找证据—评估证据—得出结论。通过运用批判性思维验证后，你发现这位同学没有早恋，成绩下滑的原因是他上课不认真听讲。主动思考能使我们更明智，在面对纷繁复杂的信息时能不人云亦云，有自己的见解。

● 提倡主动思考，但不要过度思考。当思考遇到瓶颈时，可以向外求助，和别人一起寻找解决方案。

作者有话说

爱因斯坦曾经说过：“会独立思考和独立判断比获得知识更重要。不下决心培养思考习惯的人，便失去了生活的最大乐趣。”

你知道吗？通过自己的思考，依靠自己的力量去做好一件事，那种感觉真得很棒！你会变得越来越自信和独立。从现在开始，培养遇事主动思考的习惯吧！让自己尝试更多的挑战。

妈妈，我才是学习的小主人

情景模拟

你的妈妈也是这样做的吗？

帮你收拾书桌，整理文具和各科资料，并且督促你将错题按类别整理。

成绩下滑时比你还要着急，会四处打听学霸的学习方法，无论是否适合都会让你试一试。

每到新学期开始的时候就开始忙碌你学习的事情，比如帮你制订学习计划，将她认为好的目标告诉你，规划你的学习和娱乐时间，安排你上兴趣班等。

面对妈妈对你学习的“密集式”关心，你是如何回应的呢？

脆弱做法

关于学习这件事，一直以来都是由妈妈做主，仿佛她才是学习的主人，你只是完成妈妈设定的学习任务的“工具人”。你并没有察觉到任何不妥，虽然有时会觉得很烦，但还是会按照她的要求去做。你下定决心要为了妈妈好好学习，并对自己说：“听妈妈的话总没错，她让我怎么学就怎么学吧！”

反脆弱做法

你认为学习的事情是自己的，有关学习的一切都应亲力亲为，不应接受妈妈事无巨细的帮助，于是你鼓足勇气跟妈妈说：“妈妈，我才是学习的小主人，这些事应该交给我来做！”你坚定了信念，不妥协，跟妈妈沟通之后就开始自主安排学习时间。虽然刚开始主动学习时会感到有些累，坚持不下去，做不完计划好的内容。但是没关系，你有信心，也有毅力，既然决定了就不后悔，你一定能找到学习的自驱力！

通关秘籍

如果妈妈为你安排学习上的一切事情，并且她就像直升飞机一样盘旋在附近监督你，要求你按照她做的学习计划去执行。你要怎么说服妈妈不再如此呢？

● 不安于现状，有改变的意识，知道自己才是学习的小主人。学习的主体是你，一切都应该由你去规划，这样才能记忆深刻。有妈妈的帮忙固然很好，能省去许多麻烦，但那些“麻烦”才是你进步的磨刀石。

● 与妈妈进行一次深度的沟通，让妈妈知道你需要成长，告诉她：“妈妈，请相信我，我能自主学习。”与她沟通时要注意态度，不要有厌烦心理，说话时也别带有情绪。不可以这样说：“我学习的事情不用你管，你好烦。”这样说话会伤妈妈的心。

● 用实际行动告诉妈妈自己有学习的自驱力，能够处理在学习中遇到的问题。比如主动制订课后的学习和娱乐计划，将自己要实现的目标贴在墙上，主动整理书桌和各科的学习资料，整理错题本，自主复习和预习，向同学取经，学习高效的学习方法等。

● 坚持下去，别放弃。坚持自律地学习很苦，要学会苦中作乐，找到自己感兴趣的地方，从而爱上学习。此外，也可以给自己一些奖励，在完成学习任务后奖励自己做一些喜欢的事。比如听音乐、踢足球等。劳逸结合，将学习的时间轴拉长，再难也要坚持下去。

作者有话说

你或许已经意识到了吧，从出生的那一刻开始，你独一无二的人生之旅就启程了。在成长的过程中，你需要不断地学习生活技能，从吃饭、穿衣到管理情绪、处理人际关系。为了遇见未来更美好的自己，你还需要不断地学习文化知识，丰富自己的内涵。只有不断地学习，你才能毫不费力地跋山涉水，登上理想中的山顶，发出“会当凌绝顶，一览众山小”的感慨。也只有不断地修炼自己的心态，你才会平和地对待成长过程中出现的荆棘和坎坷，从人生的裂缝中看到充满希望的虹光。

当你发现这所有的一切都是以你为主导，是你主动学习、主动去做的成果时，你一定觉得自己很酷吧。你知道吗？当你在伏案学习的时候，你的父母一定会为你感到骄傲和欣慰。他们见证你的成长，看着你从一个嗷嗷待哺的小婴儿成长为可以“揽星衔月逐日光”的少年，一定很幸福吧！

所以，从此刻起，你就是学习的小主人，你的人生由你自己书写！

4

这些交友小秘诀，让钝感力更上一层楼

你知道吗？交友是有小秘诀的，很多时候，你不是脆弱，而是没有掌握正确的交友方法。遇到问题，别急着自我否定，可以试着积极地寻找机会，努力掌握诀窍，让你在人际交往中拥有强大的钝感力，让社交难题迎刃而解！

慢热的我也可以交到好朋友

情景模拟

你是一个慢热的人，在外人看来，你性格内向，不爱主动说话，也很少在公众场合分享自己的心声，不擅长表达自己的想法和情感。相比热闹的团队活动，你更喜欢静一点儿的活动，比如和好朋友一起写作业、看书、练字等。最近，父母帮你报了一个夏令营活动，你接触到许多外向的同学，他们热情开朗，活泼好动。你有点儿担心，害怕内向而慢热的自己交不到好朋友。此时此刻，你在想，要不要迎合一下其他同学，试着改变自己的性格，装作外向一些呢？

脆弱做法

你觉得慢热的自己一定不受欢迎，也没有人愿意和你玩儿。

可是你依旧什么都不做，继续内向、害羞、不交朋友，躲在角落顾影自怜。

反脆弱做法

你不会为了交朋友而委屈自己，也不会刻意讨好他人。做最真实的自己，内向从来不是弱者的标签。你坚信，内向也有独特的魅力，会吸引同频共振的朋友。你要将自己的优势展示出来，让夏令营的同学们看到你的优点，你相信内向而慢热的自己也能交到好朋友！

通关秘籍

慢热如你，要怎样才能交到好朋友呢？

● 要面对和接受真实的自己，坚信自己就是很优秀的。接纳自己的内向性格，对人慢热不是缺陷，而是特点，甚至是优点。要客观地评价自己，发扬好的方面，比如内敛、善于思考、对待朋友真诚等。同时改变不好的地方，比如自卑、害羞、不敢说话等。

- 不要为了迎合他人而改变自己，这样很容易形成讨好型人格。我们不必讨好任何人，依靠讨好和迎合换来的友谊并不纯粹，也交不到真心的朋友。

- 努力学习，修炼自己，让自己变得优秀。当你足够优秀时，你周围的同学就会主动找你，想要当你的朋友。

首先你要足够了解自己，找到自己的闪光点，比如擅长写作文、英语口语好、解数学题超级快、会讲故事、心态好、情绪管理能力强等，任何一点都可以。然后增加学习时间，用自己的优势和闪光点吸引志同道合的同学。

- 认真做自己，慢一点儿没有关系，给自己创造相对安全且舒服的社交环境。如果你觉得交朋友是一种挑战，可以试着从一对一简单的交流开始，再慢慢尝试集体活动。

- 不要忽视倾听的力量，它也是你的社交能力。当内向或慢热的你不想主动说话时，可以选择做一个倾听者，它既能让你身边的朋友感到被尊重和重视，同时也利于你快速地了解他们。

作者有话说

你知道吗？内向或慢热的人的社交能力就像是被“封印”了，它需要舒服的环境、美好的心情、合适的人共同开启。在找到与自己同频的朋友后，他们的社交魅力会让人感到惊艳。

他们会表现出与“内向”和“慢热”相反的样子，也会说一些很有趣的事情，科普一些难懂的知识，分享一些学习经验。遇到对的朋友，内向或慢热的人才会发掘出真正的自我。你会发现内向或慢热绝不是缺点，而是一种有待被开发的天赋。

所以，不管你是什么样的性格，你都有机会找到与自己有共同兴趣和爱好的朋友。内向也好，外向也罢，它不过是我们身上外在表现出来的特征，内在的自我和精髓都需要被发掘。

别急着否定自己的内向，也别强行改变自己的慢热，更不要讨好他人，做最真实的自己同样能收获美好的友谊。

交朋友也可以选择自己喜欢的

情景模拟

你曾经历过类似的事情吗？

你发现自己的好朋友染上了一些坏习惯，比如逃课、去网吧打游戏、不写作业、和同学打架、欺负弱小等。他还以好朋友的身份要求你讲义气，帮他隐瞒这些事。你会继续维持和他的友谊吗？

班级里有好多和你有共同爱好的同学，你比较喜欢和学习好的朋友交流，和他们一起玩儿，探讨学习方法。这时有人说：“你怎么只和学习好的同学玩儿，不和其他人玩儿呢？”这时你要改变心意，按照别人说的那样和其他人成为朋友吗？

脆弱做法

你害怕别人说的“闲话”，认为这是众口铄金，不想让别人觉得你是一个“挑拣”朋友的人。朋友学习好，进步快，就珍惜这份友谊；反之，朋友逃课、不写作业，就及时止损，不交损友。别人觉得你不讲义气，于是你为了所谓的义气帮他隐瞒他做的坏事，也开始和不太喜欢的人交朋友。你感到很无奈，也不开心，不想这样做，却没有勇气改变。

反脆弱做法

你不会因为外人说的几句话而影响自己内心的判断，健康的友谊应该是积极向上的，要互相鼓励，共同成长。如果你的好友误入歧途，你会劝诫，会告诉他这样做是不对的，逃课、玩游戏、不写作业都是不对的行为，要及时改正。如果对方非但不听，反而要求你一起逃课，你就要及时止损，不再和对方做朋友。你有主动选择朋友的权力，和喜欢的人做朋友，这是你的自由。

通关秘籍

如果有一个同学，他与你没有共同爱好，你们的共同语言很少，他一心想要与你成为朋友，可是你不喜欢，这时，你该如何应对呢？

- 你有交友的权利和自由，你可以接纳他人成为你的朋友，也可以拒绝他人的好友邀请。不要有心理负担，也不要认为拒绝是在伤害他人。成为朋友也需要缘分，需要有共同的兴趣和爱好，更重要的是，你本身是否喜欢与他人成为朋友。

- 朋友之间的关系应该是共同进步的，要相互学习对方的优点，收获友谊的同时也会收获更美好的自己。你可以慕强，选择和比你优秀的人做朋友。

- 如果你不想和对方成为朋友，那么就不要违背自己的意愿。但拒绝别人的交友邀请时态度要谦和，既不表现的高高在上，也不诋毁对方，要守护同学的自尊心。拒绝时，别公开让其他同学参与进来，可以找一个恰当的时机告诉对方，照顾一下对方的情绪。

作者有话说

年少时期的友情弥足珍贵，纯真且充满希望，能在年少时期收获一段友谊是一件很幸福的事。可我们在与朋友交往的过程中会遇到一些问题和烦恼，有时外界的声音还会影响自己的判断。

你听到过这样的建议吗？“你应该和学习好的同学玩儿，你的好朋友学习不好，会拖累你。”“你应该和性格开朗的朋友玩儿，他们更活泼，能带你一起进步。”听到类似的建议，你会采纳，还是会为朋友勇敢地回绝呢？

事实上，你的好朋友虽然学习不好，但他没有放弃，一直在寻找好的学习方法，他从未逃过课，坚持写作业，总是积极向上。这样的朋友，你要放弃吗？你喜欢安静，却要和一个特别开朗、外向的人做朋友，想一想都会觉得很累吧。下次如果再有类似的声音左右你选择朋友，请勇敢地摇头，大声地告诉他们：“我的朋友由我选择，我们会一起学习，一起进步，请尊重我们。”

希望你可以找到自己的知心好友。

被同学拒绝很正常，我其实很受欢迎的

情景模拟

学校即将举办艺术节文艺汇演，你有舞蹈特长，想和班里的同学组队去参加表演。你将自己的想法告诉老师，但是老师告诉你班里的文艺委员已经组成了一个跳舞的小组，让你询问文艺委员能否加入他们。于是你找到文艺委员，跟她说：“小艺，我听老师说你们要组队在校园艺术节上跳舞，我可以跟你们一起组队吗？”小艺摇了摇头，对你说：“对不起，我们已经确定好人数了，不能让你加入了。”你被拒绝了，接下来你会怎么做呢？

脆弱做法

被拒绝后的你感到很难过，心就像被一块石头压住，感觉很压抑，很不舒服。你认为自己跳舞非常好，你参加过不少比赛和学校的演出，本以为会很受欢迎，没想到被人拒绝，你百思不得其解，于是你上课开始走神，做事也没有了动力，一直在思虑这件事。你不明白为什么自己会被拒绝，难道是自己跳舞不够好吗？你开始怀疑自己的能力，认为自己不受欢迎，所以她们都不想让你加入。

反脆弱做法

被拒绝很正常，你并没有把它放在心上，这件事也没有影响你的心情，你依旧认真学习。你没有放弃，在学习之余积极寻找机会参加文艺汇演。你想加入班里的诗朗诵小组，但你的舞蹈特长发挥不出作用，再次被拒绝。接二连三的拒绝并没有让你失去信心，反而激发了你的斗志。最后，你找到了一个会拉小提琴的同学，你们一起表演节目，将小提琴和舞蹈融合起来。你对自己说："被拒绝了没关系，我依旧是闪闪发光的，很受大家欢迎！"

通关秘籍

被同学拒绝了很伤心，你有什么办法可以快速缓解失落的情绪吗？

● 将被拒绝看成是生活中的常态，每个人都有选择的权利。你可以拒绝别人，别人同样有权利拒绝你，看淡被拒绝这件事。

● 降低期望值，减少心中的落差感，期望值越高，当事情没达到预期时就越失望。

在交朋友或主动要求加入小团体时，要做好被拒绝的心理准备，别抱有太大的希望，要有“随遇而安”和“顺其自然”的平和心态。

● 被拒绝后，减少不必要的向内归因。

什么是向内归因呢？一言以蔽之，即将被拒绝的原因归咎在自己身上，自我否定。向内归因要适度，不要过度自责，让自己陷入负面情绪的漩涡。当自己被拒绝后，不要将不被接受的原因归结在自己身上，认为自己不够优秀，不受欢迎，被他人讨厌，从而丧失自信心，止步不前，自此不敢再积极主动地社交。

● 认清自己被拒绝后的情绪，不隐藏，也不向外暴力发泄。

如“不让我加入就拉倒，我还不想去呢！”不要为了面子而说让彼此不高兴的话。我们与同学社交时要注意有效沟通，做不了朋友或不能一起组队也不要心生怨怼。你可以试着和对方交流，了解被拒绝的原因，如果是自己存在不足的地方，就努力提升自己；如果是一些客观原因，比如人员已满，兴趣不合等，我们也别强求，要理解。

● 别让拒绝击溃你的自信心，拒绝与否并不能影响你的心情，要时刻保持一颗自信的心，告诉自己“我很优秀，并且很受欢迎”。

作者有话说

你知道吗？我们在人生的每一个阶段都会被拒绝，会有不同程度的挫败感。当情绪低落时，别退缩，也别自责，它的出现并不代表你很“弱”，它也没有那样可怕。最适合的方法是感知它、弱化它，将挫败感转化成继续前行的动力，而不是否定自己，怀疑自己的能力。

我相信你已经知道，人与人之间的社交是既简单又复杂。有效的沟通可以化繁为简，真诚也可以缩短彼此的距离，让社交从复杂走向简单。从此刻开始，你要开始习惯被拒绝，当听到“不”时，别懊恼，也别失落，扬起头来，你依旧是很受欢迎的少年。

不喜欢的集体活动就要勇敢退出

情景模拟

老师知道你内向，从不主动参加集体活动。为了锻炼你，让你有机会改变自己，老师力排众议将你安排在班级的演讲小组，并对你表达了期望："希望你能早日融入这个集体，要主动争取机会参加学校的演讲比赛啊！"你想要拒绝，但是在同学们的掌声和老师殷切的眼神中退缩了，你不敢拒绝，只能硬着头皮加入演讲小组。每次参加演讲小组的活动时，你都情绪低落，像局外人一样不知所措。你的演讲能力不足，站在讲台上连一句完整的话都说不好，更别说抑扬顿挫地演讲了。这时你该怎么做呢?

脆弱做法

虽然你在演讲小组感到很不开心，但你不敢退出，一旦退出，老师就会对你感到失望，同学们也会看不起你，认为你没有持之以恒的精神。你决定再难过也不退出，忍着心里的不适继续参加小组的活动。可是你在演讲方面毫无天赋，经过一个学期的学习，进步仍旧很慢，看着小组的其他同学都代表班级参加了比赛，你更加心急和焦虑，有一种无力的挫败感，觉得自己很没用。

反脆弱做法

你告诉自己不喜欢就可以退出，不适合就可以拒绝。你决定勇敢地跟老师表达自己的心声："老师，我不适合演讲小组，我想要退出。我同桌很外向，很喜欢演讲，他很想加入演讲小组，希望老师给他机会。"你勇敢地拒绝不适合自己的集体活动，同时推荐适合的同学进去，老师表示很理解，也很欣赏你的勇敢，同意了你的建议。退出演讲小组后，你选择了自己感兴趣的读书小组。你在小组活动中积极分享自己的读书心得，很受大家的欢迎，也交到了要好的朋友。

通关秘籍

如果你不擅长社交，不敢主动和同学交朋友，而你的父母为了锻炼你的社交能力，给你报了一项你不喜欢的集体活动，你很不开心，参加集体活动就很痛苦，这时你该如何改变现状呢？

● 积极应对，不安于现状。不要因为害怕改变而选择妥协和忍耐，也不要因为不开心就躲在角落，更不要在集体活动中偷懒或给集体制造麻烦。要有积极应对的意识，不为逃避而选择“惰性”社交，而是主动拒绝无效社交。

● 与父母进行深度沟通，想办法让他们倾听你的心声。沉默解决不了任何问题，父母也不会知道我们内心的想法。我们要直接地告诉他们：“我不喜欢参加这个集体活动，它让我感到很痛苦，让我产生了很重的心理负担。”在沟通之前做好准备，可以打个草稿。不要抱怨，也别用过激的语言与父母争吵，可以心平气和地和父母交流，表明自己的立场。

- 在擅长的领域发挥出自己的光和热。记住，无论我们多么平凡和普通，都有自己的闪光点，有自己的兴趣和爱好，要参加自己感兴趣的活动，找到适合自己的团队。

- 退出自己不感兴趣的集体活动时要注意态度和措辞，表明这类的集体活动很有意义，自己要因个人原因退出，希望大家理解。

- 抽时间锻炼自己的口才，无论参加何种集体活动都需要良好的表达和沟通能力。我们无须八面玲珑，但在恰当的时机也要有能力表达自己。

- 社交并没有我们想象的那样难，但也没有很简单。任何一段友谊都需要用真诚来维系，融入一个集体也需要付出努力。

作者有话说

你知道吗？勇敢地拒绝“无效社交”也是交友小秘诀，我们要将宝贵的时间用在我们感兴趣的事和人上。

什么是无效社交呢？举一些简单的例子：参加自己不感兴趣的集体活动，和不喜欢的人交朋友，为了完成老师或父母交代的任务强迫自己进入某个兴趣小组等。我们参加集体活动不仅仅是为了社交，还是为了发展自己的兴趣和爱好，任何让自己感到不舒服的集体活动，我们都可以勇敢地退出。

吵架了也要积极寻找和好的机会

情景模拟

今天轮到你和三个小伙伴一起值日，需要擦黑板、扫地、拖地、打水，大家分工做事，责任划分明确。本该负责打水的你因为拉肚子没有按照要求值日，也没跟其他同学打招呼，直接去看校医了。第二天你发现自己被同学举报了，他告诉老师你没有按照规定值日，要扣分。你很气愤，跟他吵了一架，决定和他再也不往来。过了几天，他主动来找你，跟你说："我不知道你是因为生病了才没值日，对不起。"这时你会怎么回应他呢？

脆弱做法

你认为吵架了就不能再成为朋友了，你对他感到很失望，你们曾经如此要好，他竟然会向老师告状，不能原谅。于是你对他说："我一直把你当朋友，你却向老师打小报告，真令我感到失望！"对方也毫不示弱，说："你身体不舒服又不说，我们怎么知道你去看校医了？水还是我帮你打的，老师问了，我如实回答而已，怎么能算是打小报告？你冤枉人，不识好人心！"你们又大吵一架，不欢而散。但这次争吵之后，你反省了自己的行为，自己的确存在沟通问题，如果你早一些说出自己的难处，相信你的朋友会体谅的。你虽然做出了反省，知道自己有错，但不敢再找他，也不好意思修复和他之间的友谊。

反脆弱做法

在这次值日事件发生后，你认真地反思了自己的行为，在发现自己做事有欠缺后，积极寻找和他和好的机会。于是你对他说："这件事我也有做得不妥的地方，如果我及时将自己身体不舒服的事告诉你，就不会有这样的误会了，我应该说对不起。"

通关秘籍

如果你和你的好朋友发生了争吵，你应该怎么做呢？是放弃这一段友谊，从此形同陌路，还是主动寻找机会去缓和关系，与他冰释前嫌呢？

● 在人与人相处时难免会出现摩擦，我们要珍惜在学生时代的友谊，如果要继续这一段友情，就需要积极寻找恰当的时机和好。

● 在与朋友发生冲突或产生误会时要先冷静，不在情绪激动时争吵。最佳的解决办法是当彼此情绪稳定后进行沟通，先说出自己心中的困扰，比如你生气的原因，对方做得不好的地方。然后倾听对方心中的想法，他对你有什么误解。再将矛盾点落在实处，解开误会。

● 假如当时没有控制住负面情绪，你们已经发生争执了，那么就需要事后认真反省。可以试着从这段关系中跳出来，从旁观者的角度客观地回顾这次争吵，冷静地分析原因。对方哪些地方做得不对，你是否也有不对的地方，然后第二天心平气和地找他沟通。如果是自己的错，那么就勇敢地主动道歉，如果是对方的问题，那么就指出问题，告诉对方你的感受，并提出解决方法。

● 友谊需要双方共同维系。你主动迈出道歉的一步，想要继续这一段友谊，如果对方也珍惜和你的感情，你们以后自然还是好朋友。如果你主动道歉，改正错误，想要和好，对方却不理或者不承认自己有错，执意与你断交，那么你也不要难过，潇洒放手即可。

作者有话说

你有很要好的朋友吗？你们会一起学习，遇到难题会一起解决吗？会分享彼此的心事，有了烦恼互相倾诉吗？你们是否曾经并肩作战，一起在校园的球场上挥洒汗水呢？和朋友在一起时，你一定感觉很轻松、很幸福吧！

学生时代的友谊很纯真，就像太阳，耀眼、明亮、充满希望。我相信在今后的很长一段时间内，当提起这段校园的友情时，你一定会嘴角含笑，觉得很幸运可以收获真挚的友情。

不过，在维系这段友谊的过程中，你们会遇到矛盾，甚至发生争吵。但是没关系，这些都是考验友情的“三昧真火”，携手共渡，你们的友情会更牢固。

5

不惧怕失败，激发心中的“钝感超能力”

《礼记》中有一句话:“玉不琢，不成器。”其实此刻的你就像一块需要被雕琢的璞玉，每一次失败都是在考验你的毅力和决心。学完这一课，你就会发现失败没有那么可怕。正面面对，勇敢向前，你就会拥有“钝感超能力”，可以插上理想的翅膀，向云而冲！现在，就开始学习吧！

败不馁，没考好也不怕

情景模拟

期末考试结束后，你和同桌对答案，结果发现有很多不一样的。平时同桌就比你学习好，经常被老师表扬。这次他还将你们答案不一样的题写出了解题思路，你发现的确是自己做错了，你要怎么跟父母解释这次的考试结果呢？

脆弱做法

你这次考试做错了很多题，父母知道后一定会批评你没用功，学习不到位。你忐忑不安，害怕面对父母的怒火，有点不知所措。算了，先别跟父母说了，等他们知道考试结果那天再想怎么面对吧，能逃避一时是一时。

反脆弱做法

虽然你很害怕被父母批评，但你没有被这次考试失败打倒，开始积极地寻找解决的方法。你对自己说："错题太多不要紧，我要知道自己哪部分学的不好，要积极面对，不能一味地逃避。"于是，你在同桌的帮助下整理考试错题，总结和归纳自己掌握薄弱的知识点。你回到家后将这次考试存在的问题跟父母说清楚，并且告诉他们自己的目标和计划。你有信心，下次考试会进步。

通关秘籍

考试失败怕被父母批评，不敢回家，你有什么有效的办法解决吗？

- 考试失败不要紧，任何失败都是磨炼你的磨刀石，纵使难以面对，也不要逃避。不要为了隐瞒失败而再次犯错，也不要用谎言去掩饰失败。

● 任何失败都只是一个无法改变的过程，它不代表结果。不纠结，不内耗，留出宝贵的时间研究这次失败，吸取教训，总结经验。将考试的题拿出来重新分析和整理，在错题本上写好，注意归纳题目所涉及的知识点，了解自己的薄弱点，再制订提高成绩的学习计划。

● 看淡学习和生活中的成败，虽然要做到“不以物喜，不以己悲”很难，但也要努力做到“胜不骄，败不馁”。

● 失败后，要注意调节自己的心态，管理和控制自己的负面情绪。失败不能打倒我们，但压抑的情绪会。可以用移情法转移自己的注意力，给自己 30~60 分钟进行放松，如看喜欢的书、听音乐、散步、和同学聊天等。让自己的心情变好，等情绪稳定后再思考眼前的难题。

● 失败并不可怕，可怕的是我们的胡思乱想，父母并不会对我们的失败疾言厉色。试着建立一种积极应对失败的思维，即将失败看作是一件亟待解决的事情或难题，将注意力放在如何解决上，而不是选择懊悔、抱怨和逃避。要勇敢地告诉父母：

“这次我没有考好，我已经知道自己哪里没学好，我会努力，下次考试一定能进步！我有信心！”

作者有话说

有些时候失败本身并不可怕，可怕的是失败给我们带来的心理压力和负担。所以，失败后的情绪管理尤其重要，我们要充分借助钝感力做好失败后的心理调节。

要知道，能击溃我们的不是失败，而是自己消极的想法。

失败有时就像种在我们身上的一粒种子，它会一直存在，不会消失，会时不时地出现刷新一下存在感，让你忧思，使你疼痛。但每次出现，它都会在你身上留下一层无形的保护膜，让你的心在时间的洗礼中慢慢变得不再脆弱，甚至变得勇敢、自信，直至你可以坦然地面对生活中发生的一切。

所以，别害怕失败，试着与它共处，在失败中成长，塑造更坚强的自己！

失误而已，我要吸取其中的经验和教训

情景模拟

在学校文艺演出的舞台上，你正在表演跳舞，跳到一半时不小心摔倒，很是狼狈，手里的道具也被甩出很远。此刻的你会怎么做呢？

脆弱做法

你一下子就慌了，全校的老师和同学都看到了，应该没有比

这更丢脸的事了吧。你感到懊恼、自责、羞愧，无法再继续表演下去，急忙跑下台。从此，这次经历变成了你的噩梦，你再也不想提及，也不敢再上台表演。

反脆弱做法

你有一瞬间的慌乱，但脑海里有个声音：“别停下来，这只是个小失误，表演还没有结束！”于是你快速地调整心情，临时设计了一个动作，将这一次摔倒融入舞蹈表演中。你很自然地捡起道具，将动作衔接上，完成了这支舞。演出结束后，你收获了鲜花和掌声。你很勇敢，没有被这次失误吓到，反而心态平和地扭转了局势，将失误转化成成功。在幕后，老师表扬了你，说你处理得很不错。你对她说：“我一定继续努力，吸取这次演出的教训，下次我不会再因为跳错舞步而摔倒了。”

通关秘籍

如果你的表演出现失误，要怎么面对自己的负面情绪呢？

- 认清和接受失误的事实，并积极面对。失误后不怨天尤人，不将过错推卸给他人，试着客观地总结自己的不足，找出失败的原因，并主动承担责任。在团队演出中，也别将失误的压力全部给到出现失误的人，别因为他人一次的失败而心生不满，破坏集体友谊，要合作互助，共同扭转局势，完成演出。

- 出现失误后随之而来的是负面情绪暴涨，会情绪低落、悲伤、痛苦、沮丧、愤怒等。这时我们要积极管理情绪，不让负面情绪伤己伤人。可以尝试用以下方式进行调节。

a. 认识和接纳自己的所有情绪，这些负面情绪虽难以根除，但也没有那么可怕。当你察觉这些坏情绪出现时，可以对自己说："瞧，坏情绪出现了，别怕，想办法赶走它们。"

b. 别积攒负面情绪，用适当的方式发泄出去。将情绪憋在心底，慢慢积攒就会变成即将爆炸的"气球"，那样更危险。可以通过体育运动来发泄情绪，消耗过多的负面能量；和知心好友聊天，诉说心中的苦闷；和老师或父母畅谈，告诉他们自己的想法；做一些能让自己开心起来的事，比如享受美食。

当负面情绪尚未得到舒缓前，别做任何决定，也别说任何负气的话。

● 当心态平和、情绪稳定后，要记得找到表演失误的原因，从中吸取经验和教训，为下次表演奠定基础。

● 要有随时面对表演失误的心理准备，没有一场演出会绝对完美，我们难免会出现小失误。要有临场应变能力，一旦出现失误，要尽自己最大努力去化解，保证表演的完整性。

作者有话说

你知道吗？人生是没有一帆风顺的。有“山重水复疑无路，柳暗花明又一村”，也会有“欲渡黄河冰塞川，将登太行雪满山”；有“长风破浪会有时，直挂云帆济沧海”，也会有“人生在世不称意，明朝散发弄扁舟”。遇到坎坷是人生常态，无须意志消沉，也不要懊悔自责。不妨恣意一回，看淡人生起伏。对自己说：“不就是表演失误嘛，没什么丢人的，我不信我会一直失误，我一定可以绝地反击，像大鹏一样‘扶摇直上九万里’！”

眼泪绝不是退缩的标志

情景模拟

你曾遇到过类似的情况吗？老师布置了一个观察种子发芽的作业，要求写一篇完整的观察日记。你小心翼翼地将种子种在花盆里，等了几天它也没发芽，后来发现种子烂了，不会发芽了，你的观察日记也泡汤了。你带着没能完成的观察日记来到学校，恰好遇到老师，你主动帮老师拿考试的卷子，走到班级时，一阵大风吹过来，你手一滑，卷子全掉地上，有几张被水浸湿了。

上课后，老师要求同学们拿出种子观察日记，一起分享和交流。轮到你时，你想起种子烂掉的事情，觉得很难过，接踵而至的打击让你有很强烈的挫败感，你鼻子一酸，眼眶红了。这时有同学说："失败了也别哭啊，哭了就代表你被打败了！"听到这样的话，你会作何反应呢？

脆弱做法

你赶紧擦干眼泪，认为遇到任何事都不能哭，眼泪是退缩的标志，是无能的代表，要坚强，再艰难也不能流眼泪。于是你压抑着自己的情绪，倔强着不用其他人帮忙，下定决心要看到种子发芽，完成观察日记。结果你再次经历失败，种子一直发不了芽。你再次惨败，从此绝口不提观察日记，认为自己根本不能做好这件事。

反脆弱做法

眼泪绝不是懦弱的象征，也不是退缩的标志，它是缓解压力的良药，是正确宣泄不良情绪的方法。你勇敢地回答那位同学："哭一哭更健康！我没有退缩，这次失败了，我还会继续播下种子，观察种子发芽。"这些挫折阻挡不了你继续努力的步伐。一次不成功，那就再试一次。如果还不成功，就向同学、老师或家长寻求帮助。总之，你是不会被打败的，是可以流眼泪的小勇士！

通关秘籍

放学后，同学找你倾诉心事，跟你说：“失败了我很难过，好想找个没人的地方偷偷哭。”这时你该如何开导他呢？

- 释放情绪。哭可以缓解负面情绪，缓解心理压力，适当地哭可以舒缓自己的情绪。哭不丢人，也不代表认输，它只是一种解压方法。

- 重塑信心。单纯地哭解决不了问题，不要让眼泪冲刷掉自己做事的决心，也别在眼泪中消磨毅力。哭过之后要重拾信心，努力思考，重新尝试，找到解决问题的办法。给自己一些鼓励，恢复独立做事的自信心。

- 调整心态。保持乐观向上的心态，态度要积极，就像顶着小太阳一样，任何事情都难倒不了自己。多看正能量的书，多和乐观的同学交流。

- 寻求帮助。要相信合作的力量，一个人的能力有限。当自己试过多次还是解决不了眼前的难题时，要及时向周围的同学、老师或父母寻求帮助。

● 总结经验。要在每一次的失败中收获经验，总结教训，在下次动手做之前要多思考。

作者有话说

那些消极的固有思维不应该成为困住我们的围墙，比如男生不应该哭，不能喊累；女生读书大可不必太用功，读书太多反而不妙等。

我们不是为了外界的声音学习、生活、努力拼搏，也不是要成为别人眼中的好孩子。努力学习，每一次从失败中站起来是为了遇到更美好的自己，缩短与理想之间的距离。所以，想哭时不要过度压抑自己的情绪，也不要将自己的思维困在围墙里。你可以做自由自在的雄鹰，直击长空，恣意潇洒！

科学小实验失败了也要愈挫愈勇

情景模拟

科学老师为了培养学生的动手和思考能力，要求你们在科学课上分享自己做的任意一个科学小实验。这个实验需要在家里完成，不仅要记录做科学实验的过程，还要做解密分析，懂得其中的物理或化学小知识。你回到家准备做“生气的瓶子”的小实验，需要用到塑料瓶、气球、小苏打和白醋，要利用小苏打和白醋融合会产生二氧化碳的原理使气球鼓起来。但你第一次做就失败了，因为气球太小，塑料瓶口太大，气球套不上去，小苏打都洒在外面了。你感到很沮丧，想要放弃这个实验，改做其他实验。这时你会怎么抉择呢？

脆弱做法

你不喜欢实验失败的感觉，这种感觉太打击自信心了。班里的其他同学都是一次成功，为什么你却做不好？难道是太笨了？动手能力差？你自言自语道：“算了，放弃吧，改成其他的实验。”于是你改做其他实验，毫无例外，在第一次做实验时就遇到了困难，最终导致实验失败。就这样，你失败一次就放弃一次。最后，你一共尝试去做了五种实验，全都没有成功，没能完成老师留的作业。

反脆弱做法

你告诉自己：“这次实验失败了没关系，我再试一次。”你没有选择放弃，也没有怀疑自己的能力。相反，你将实验失败的原因一一记录下来，做好标记，写上改进措施，在科学课堂上跟同学们分享，让同学们在做同样的实验时可以引以为戒，不要重蹈覆辙。你对自己说，一次不行，就再试一次，每次都要反思，总结经验。如果还不行就向周围的人寻求帮助，待学会后再重振旗鼓，继续做实验。你决不放弃，面对失败会愈挫愈勇！

通关秘籍

第一次做实验就失败了，你感到很苦恼，想要放弃，你要怎么说服自己再试一次呢？

● 心理暗示。告诉自己任何科学实验都有失败的可能性，要有耐心和毅力去不断试错，才能成功。如果失败一次就放弃，那么实验永远都不可能成功。

● 实验失败的记录也是宝贵资源。养成随时做实验记录的好习惯，并总结和分析每次做错的结果和原因。要积极地面对失败，对自己说："没关系，错误也是做实验的一部分，把它记下来！"

● 相信合作的力量。记住，你不是在孤军奋战，实验也不是一个人的独角戏。可以和父母、同学或老师合作，多思考，勤反思。

● 在恰当的时机暂时放弃是为了更好地开始。假如你坚持做一个实验十次或者更多次数，它依旧没有成功，那么就可以“按下暂停键”，将每一次的错误记录好，然后换一个方向重新开始，按时完成老师布置的作业。等上学时积极和老师或同学沟通，找到问题的症结，再“按下开始键”，重新做实验。

作者有话说

你知道吗？想要成功真的有些难，很多事情不仅仅是在考验我们的知识水平、学习和动手能力、应变能力，还有我们经历失败后是否有坚持下去的毅力和决心。向外，我们要不断学习，扩展知识面；对内，我们要保持平和的心态，修炼内心。生活为我们提供了磨炼的机会，虽然我们不喜欢被磨炼，但磨炼能使我们成长，能让我们不断地提升自己。

所以，别着急，慢慢来，看淡失败，只要我们坚持，就会有成功的机会。

承认自己的错误也是迈向成功的一步

情景模拟

你和三名同学代表班级参加学校的“小小辩论高手”活动。在辩论中，你说错的一个论点被对方辩手抓到，她针对你的逻辑漏洞进行反击。虽然你后来及时调整辩论策略，队友们的表现也可圈可点，但还是败北，没能取得最后的胜利。回到班级后，老师夸奖你们虽败犹荣，表现得非常棒，同学们也纷纷鼓掌。你感觉脸很热，认为是自己的失误导致了失败，你犹豫不决，不知是否应该勇敢地承认错误。试想一下，你会怎么做呢？

脆弱做法

你不敢主动承认自己的错误，不想让同学们知道是自己的失误导致辩论失败，害怕被老师和同学们责备。你在心里想：算了吧，没有人发现就别主动承认了，希望永远没人知道这件事，万一有人质疑，再想办法为自己辩解吧！

反脆弱做法

你想起父母和老师平时的教导：做错了事情不要紧，要勇于承认，积极改正。你对自己说："我要勇敢地承认错误，我不怕被责罚。"你勇敢地跟老师和同学说出了自己在辩论场上的失误，并且跟自己的队友道歉。老师没有批评你，对你说："你表现得很好，虽然有失误，但是你及时弥补了。这次对手的能力很强，你们尽了最大努力就很棒！继续加油！”你的队友也说：“多亏了你从另一个角度反击，给我们提供了思路，你很棒！我们是一个团队，要一起承担结果！”听到老师和同学的话，你再也没有了沉重的心理负担，也不会沉浸在自己犯的失误里。你对自己勇于承认错误的这一行为感到非常满意，也下定决心努力提升自己的辩论水平。

通关秘籍

犯错后，你曾经有过这样的想法吗？偷偷隐瞒，不敢承认，想办法用逃避来遮掩自己的失败。这是错上加错，那么正确的做法是什么呢？

- 克服心理压力，改变既定的思维。承认错误不代表承认自己无能，反而是一种进步。

我们要正视自己的错误，不隐瞒，不为自己找借口，将时间和精力用在改正错误上，不为已经发生的事情耗费心神。

- 承认错误比逃避错误更有效，更有利于提升自己。

试想一下，为了一个错误花费心思和精力去逃避、遮掩、推诿，这不仅对解决问题毫无益处，还会因为隐瞒错误而犯更多的错误。由此产生的心理压力会越来越大，人就更容易烦躁、不安、焦虑。所以，做错了不妨勇敢地说：“这件事是我做错了，我会承担责任，找到解决的办法。”

● 做错事要勇敢地承担后果，被人误会时也不要沉默，要勇于为自己辩解。

在学习和生活中，如果是我们的过错就要勇敢面对，承认错误。如果不是我们的错，就不要替他人受过，要有为自己辩解的能力。

作者有话说

你知道吗？我们每个人在面对错误时都会激起自己内心的防御机制，也就是心理防御机制，即当挫折或冲突来临时，我们的心理会本能地摆脱烦恼，减轻焦虑不安的情绪，让心理恢复平衡。为此，我们会将错误“合理化”，即给错误找一个正当理由，让我们的焦虑感和痛苦减少，以维护自己的形象和自尊。这就是为什么我们绝大多数人在犯错后会很害怕，不敢承认，会找理由逃避或将错误推出去。

敢于承认错误在一定程度上是打破心理防御机制。我知道这很难，需要下很大的决心，而且在这个过程中你或许会隐瞒自己的错误，不想承认。但没关系，我们都需要时间去成长，只要最后你的决定是面对自己的内心，选择承担责任，那你就是很棒的！

妈妈夸我时，我感觉整个世界都是彩色的！

情景模拟

你想利用暑假的空闲时间去博物馆当小志愿者，帮助维持博物馆的秩序，为游客做讲解。为此，你很用功地翻看学习资料，掌握了很多新知识。终于到了“上岗”的那一天，你感到有些紧张，担心自己不能很好地完成志愿者的工作。这时你要怎么调整心态，帮助自己恢复自信心呢？

脆弱做法

你拿着宣传册躲在休息室迟迟不敢出去，你担心一会儿给游客科普展品的时候会紧张，你的脑海一片空白，之前记的东西都忘记了。这次参加博物馆的志愿者活动是你主动争取的，妈妈原本是反对的，担心影响你的学习，而且她并不认为你可以当好志愿者。糟糕，妈妈说的好像是真的，我胜任不了小志愿者的工作，现在后悔还来得及吗？

反脆弱做法

你稍微有些紧张，但是没有慌乱，心态很好，你给自己鼓劲儿：“已经做了很久的准备，‘上岗’的前一天还演习了一遍，我一定没问题，我会做得很好！”接着，你开始想一些开心的事情来放松心情。你想到妈妈对你的鼓励，她很支持你做志愿者，还帮你查找了历史资料，和你一起做练习。当你给她科普一样展品时，她说：“你真棒！说得很好，这一段融入了你自己的想法，很有创意！”重温一遍妈妈鼓励的话后，你感觉自己充满了力量，觉得整个世界都是彩色的！于是你坚定地走进展厅，脸上带着自信的笑容，开始这一天的志愿者工作。

通关秘籍

如果父母喜欢采用“打压式”的教育方式，从不夸奖你，也不说鼓励你的话，导致你缺乏自信心，总觉得自己做不好事情，这时你要怎么改变呢？

- 和父母沟通，让他们知道鼓励和支持的力量是巨大的，我们需要父母的夸奖和赞美。同时也要让他们知道，如果你考试取得进步，却听到父母说：“再接再厉，和第一名还差很远，别骄傲啊！”这时你会感到很难过，也没有动力再继续努力。

你要告诉他们："爸爸，妈妈，当我听到你们夸我、鼓励我时，我会觉得自己是世界上最棒的孩子！

● 自我鼓励，坚信自己可以完成制定的目标，自我鼓励是积极的心理暗示，你想要成为什么样的人，就要朝着相应的目标前进。下面介绍几种自我鼓励的方法。

a. 站在镜子前对自己笑，告诉自己："加油！你是最棒的！你可以做得更好！"

b. 给自己积极的心理暗示，用积极的语句给自己鼓励。

c. 可以和好朋友或同学约定好互相鼓励，当对方信心不足时，给对方支持。当对方取得进步时，表扬对方。彼此督促，共同进步。

d. 做适当的运动，将体内的细胞唤醒，激起内心的斗志！可以在原地跳几下，握紧拳头来感受自己的力量，或做拉伸运动。

● 确定目标，制订计划。目标要“够得着”，计划要落实到位，目标越明确，我们就越有坚定的决心。

● 做任何事情都不要被周围的人和事干扰，不要轻易动摇，改变初心。你要相信自己做的决定，要坚持下去，千万别放弃。

● 培养自信心需要时间，不仅需要外在的鼓励，还需要内在的爆发，这是努力突破自己的过程，要有耐心。

作者有话说

你是否羡慕过身边那些闪闪发光的人？当看到班里的学霸作为学生代表在台上发言时，当看到同学在校园艺术大赛上弹钢琴时，当看到身边的朋友获得奥数冠军时，你是否幻想过自己变成他们，接受众人的掌声和赞许？

或许我们只是才华有限的普通人，再努力也达不到“发光”的程度。但我们只要有信心，一直坚持下去，就会朝着心中的目标前进。尽管平凡，却自信满怀，对未来有一颗热忱的心。

你还不知道吧，自信的你眼中有光，可以照亮你的整个人生。相信我，只要你愿意，你也可以闪闪发光，变成你所期待的样子，成为你想成为的那种人。

6

哇，原来自信的我会闪闪发光

你知道吗？自信就像你的头顶有一颗小太阳，可以让你变得闪闪发光，走到哪儿都能将光传递给周围的人。很神奇吧！平凡普通的我们也可以成为阳光，成为一个充满正能量的人，给他人带去希望和快乐。学好这一课，让自己的钝感力更有温度，让它帮助你发挥自己的光和热吧！

我和弟弟都是妈妈的宝贝

情景模拟

暑假的一天，天朗气清，惠风和畅。父母带着你和弟弟去游乐园坐旋转木马。玩了一圈后，爸爸买来了冰淇淋，你以为爸爸会先给你，刚伸出手却发现爸爸先递给了弟弟，妈妈还帮弟弟擦了擦手。你感到心里有些失落，默默吃完冰淇淋后，想拿纸巾擦一下被弄脏的手，却被台阶绊了一下，摔倒了，膝盖被磕破了皮。你听到妈妈紧张的声音，刚抬起头，却看到妈妈将哭了的弟弟抱了起来，正轻声安慰着，而爸爸在确认弟弟没事后才转过身来朝你走去。那一瞬间，你鼻子一酸，委屈的泪水再也控制不住。爸爸问你怎么了，你会怎么回答呢？

脆弱做法

你感到很不舒服，觉得父母爱的天秤偏向了弟弟，膝盖上的疼痛不及心里伤痛的万分之一。但你选择不说，默默流泪，独自一人舔舐伤口，将一切委屈和不满都藏在心底，谁也不能触碰。渐渐的，你对弟弟产生敌意，不对他笑，也不和他说话。你觉得自己是世界上最孤独的人，父母不喜欢你，只喜欢弟弟，只有弟弟才是他们的宝贝，自己是多余的。

反脆弱做法

虽然你很想倔强地擦擦眼泪，然后自己跑回家，带着委屈继续生活，但你想起爸爸说的话："难过了就要说出来，有意见也要表达，你不说，生闷气，谁知道呢？"你告诉自己，要将心里的话说给爸爸和妈妈听，你也是他们的小宝贝，别胡思乱想，也别钻牛角尖。于是你眼含热泪地跟爸爸说："抱抱。"别害羞，虽然你已经是高年级学生，但在父母面前，你永远是小孩子。你将心里的委屈告诉爸爸，也跟妈妈表达了自己的疑惑。经过这次真诚的对话，一直缠在你心底的结被解开了，你和弟弟都是父母的宝贝。

通关秘籍

父母偏向弟弟或妹妹，你感到很难过，正确有效的做法是什么呢？

- 正确地看待父母对你的爱，无论何时都要谨记：父母是爱你的，关心或许会有暂时的偏颇，但爱不会。

● 主动和父母沟通，表达自己内心的想法，适度倾诉有利于缓解情绪。假如你感觉到父母更偏爱弟弟或妹妹，别意志消沉，将心事压在心底。你可以试着主动和父母谈一谈，让他们了解你的感受，将委屈说出来，化解矛盾。

● 父母也会做错事，也会有考虑不周的地方，他们也需要不断地学习和成长，你要给他们机会改变。遇事多一些“顿感”，不钻牛角尖，不敏感多疑。

● 手足之情弥足珍贵，要珍惜和弟弟或妹妹的感情。我相信你和父母一样爱弟弟或妹妹，也相信你勇敢且自信，会在父母需要时帮助和陪伴弟弟或妹妹。

● 如果你依旧陷入父母偏爱弟弟或妹妹的“魔咒”里，切记别压抑自己，也别默默流泪，要想办法转移注意力，让自己开心起来。你可以做一些自己喜欢的事情，或者和好朋友聊天。

● 自信点儿，你很优秀，也很可爱，父母当然很爱你。多一些信心，少一些疑虑。从现在开始，要努力变强，和父母一起保护弟弟或妹妹。

作者有话说

很多时候，我们认为父母的爱是“此消彼长”，给弟弟或妹妹的爱多了，给我们的爱自然就少了。但实际上，父母的爱是可以“无限延展”的，他们爱每个孩子的心都是一样的。

很多时候，我们需要换位思考。举一个简单的例子，在生活中，妈妈独自一人陪伴孩子的概率更大一些，如果两个孩子同时哭，妈妈大概率会先安慰较小的那个。如果可以，她一定想同时抱起你们两个。虽然我们每个人都不想做为第二个被安抚、被关心的人，但这时我们不妨试着体谅妈妈，给她一些时间。爱或许会迟到，但不会消失。

当众讲话脸不红，我不害羞我最强

情景模拟

在英语公开课上，有一个环节是随机抽选两名同学上台进行即兴英语对话。你被抽中了，当站在讲台上时，你发现有老师在录像，他要记录完整的讲课内容。这时你的心跳加速，虽然课前做好了预习，但还是有些怯场。你身旁的同学已经进入状态，开始跟你进行对话，当他用英语说完一句话后看向你，你的心跳得更快了，脸非常红，这时你要怎么做呢?

脆弱做法

此刻你感到非常害羞，感觉脸非常热，不用照镜子也知道自己的脸已经红透。怎么办？你无法自如地和同学对话了，又不能逃避，只好硬着头皮坚持。你不敢抬头，眼睛看着地面，磕磕巴巴地与同学完成了这次英语对话。回到座位后，你羞愧极了，认为自己刚才的表现太差了。

反脆弱做法

你立刻自我鼓励，调节紧张的心理："脸红怕什么？只要我自信满满，我就是最棒的！"然后你深吸一口气，看着对面的同学，面带微笑，缓慢且流畅地说完自己的话。由于紧张，你说错了两个单词，但这并没有影响到你的心态，你坦然地纠正了那个单词，重新说了一遍。虽然这次表现还不够好，但你克服了紧张和恐惧，仍然可以为自己感到骄傲！

通关秘籍

很多同学在当众讲话时缺乏自信心，具体表现在面红耳赤，眼神躲闪不敢直视对方，声音细如蚊蚋，还带着紧张的颤音。如果你也是如此，你应该怎么改变这一现状呢？

- 塑造一个自信的外壳来武装自己。

a. 用语言进行自我催眠："我不怕，不就是当众讲话吗！这很简单，难不倒我！"

b. 用动作给自己鼓劲。比如握紧拳头再松开，感受自己的力量，最后深吸一口气，看向别处。当你转过头来时，自信的笑容就要挂在脸上。

c. 坦然且真诚地看着面前的人，说话的语速要慢，说错了也不要紧。

● 脸红只是一种很寻常的生理反应，不要过度在意。将脸红看成是天然的腮红，为你的气质加分。有了这种独一无二的腮红，你的表现会更好！

● 面对事实，勤加练习。自信从容的背后是不懈的坚持和努力。如果与人交流时缺乏自信心，就做一些有针对性的训练，如快速地组织语言，控制语速、语气等。还可以参加一些夏令营活动或班级的集体活动。

● 要对自己有信心，用绝对的信念支撑自己，时间会证明你可以变得更强。别急，慢慢来，一切都来得及，一切也都能如愿。

作者有话说

你知道吗？在我像你这般大时，我只要一和人说话就脸红。当亲戚或朋友指出我脸红了之后，我会更加紧张，连一句话也说不完整，声音打颤，不敢看人。

尤其困扰我的是帮老师“传话”。在走廊或操场遇到老师，她会让我给班级的某个同学或其他科的老师转达一句话。而我从接收到这句话后就会开始紧张，担心自己记不全，没将老师的话转达清楚。但几次之后，我发现自己可以做好“传话”这件事了，在帮老师传达信息时也更有自信心了，说话不再磕巴，脸红的次数也在不断减少。

你看，人是会“进步”的，向着对的方向努力，我们也可以成为梦想中的样子。所以，害羞、脸红都是一时的，别为了这一时的烦恼而难过、自卑。我们都可以完成蜕变，都可以破茧成蝶。

我要主动争取更多被老师提问的机会

情景模拟

老师在课堂上讲课，讲完知识点后，她提出了几个问题，同学们都踊跃举手，希望被老师提问，想要和老师互动，你也是其中的一个。但是你发现，老师始终没有叫你发言，这时你会怎么想呢？

脆弱做法

老师一直不提问你，没有给你机会表现自己，你感到很失落，开始自我怀疑，认为老师不喜欢你，一直忽略你。你只是一个很普通的学生，不像周围的同学那样成绩好，也不擅于表达自己，老师一定更喜欢各方面都表现很好的同学。于是你决定以后上课再也不和老师互动，不举手回答问题。

反脆弱做法

你认为不被老师提问是很正常的事，并没有过分在意和纠结。相反，你还安慰了一个和你情况相同的同学。你对他说：“老师叫同学回答问题跟咱们吃水果是一样的。比如，有二十多种新鲜的水果摆在你面前，每一种都是你爱吃的，但你只吃了四种就饱了，再也吃不下了。难道剩下的那些水果你就不爱吃了吗？老师在课堂上的时间是有限的，如果把全班同学都提问一遍，那一节课的时间肯定不够。”你鼓励那位伤心的同学，让他别放弃，自信一些，下次上课继续积极踊跃地举手，想办法让自己变得更强，增加被老师提问的机会！

通关秘籍

你经历过类似的情况吗？上课踊跃举手却没被老师提问，想要上台表演却没被老师选中……当你的自信心被打击到，出现心理落差时，你应该如何做呢？

● 调整好心态，别钻牛角尖，用积极向上的思维进行自我开导。遇事别急于否定自己，要往好的方向思考，别因为没被选上而伤心，甚至自卑。

● 多一些自信，少一点自我怀疑。没被选上时要自我鼓励，告诉自己很优秀，这次没被选上，那么继续努力，别被一次的落选打击，要对自己有信心！

● 对自己有一个客观且真实的评价。将视线和精力放在提升自己上，让自己变得更优秀，增加被老师提问或选中的概率。而不是嫉妒被提问或被选上的同学，将精力消耗在自怨自艾上。

● 如果自我开导失败，心里依旧难过，则可以用以下办法进行自救。

a. 做一些能增加自信的事情。比如参加集体活动，主动发言，说出自己的想法，相信在听到掌声后，你在课堂上不被提问的失落感就会立即消失。

b. 找同学或信任的人倾诉，说出令自己的困惑、难过的事情。

c. 告诉父母自己的想法，和他们一起找到让自己恢复自信的方法。

作者有话说

被在意的人“看见”会开心，期待的事情如愿完成也值得高兴，可并不是所有期待都能成真，人生总有挫折与遗憾，我们也有“不被看见”的时候。比如，没被老师提问，没被选为课代表，没代表班级参加英语演讲等。没被选择或没被看见很正常，它并不代表我们不优秀。

不被看见的时候，不抱怨，不自我否定，要自信，要继续坚持，别放弃，也别难过。这一次没被选中，就努力争取下一次的机会。

7

被欺负时，别害怕，勇敢地说“不”

你也觉得说“不”很难吗？你也曾因为不会拒绝而委屈自己做一些不喜欢的事情吗？你也有过就算被欺负也不敢说出实情、不敢反抗的经历吗？别担心，也别害怕，学好这一节课，你将学会拒绝的技巧。遵从自己的内心，勇敢地守护自己的身心不受伤害，做一个真正的钝感小超人，不被任何人欺负！

被人欺负时别怯弱，要勇敢反抗

情景模拟

你学习很用功，作业也写得很好，经常被老师表扬。这天，班里一个调皮捣蛋的同学不小心把你撞倒了，他不仅没道歉，还把作业扔到你书桌上，蛮横无理地让你帮他抄作业。这个时候你会怎么做呢？

脆弱做法

你被突如其来的一系列状况搞懵了，此刻你摔得很疼，看着面前这位脾气很不好的同学，拒绝的话无论如何也不敢说出来。你担心他会过来打你，于是默默地忍受着身体的疼痛，扶着桌子自己站起来。你不敢要求对方道歉，也不敢不帮他写作业，你恨自己没有勇气，只能默默承受对方明目张胆的欺负。

反脆弱做法

忍一时并不会风平浪静，退一步也只会换来变本加厉的欺负。你深知被欺负一次，帮他写一次作业，就会有第二次、第三次，甚至无数次。沉默和逃避不具有任何力量，唯有反抗才能解救自己。你站起来，用纸巾擦了擦手，然后直视他，说：“我不会帮任何人抄作业，抄作业这种行为是错误的，对学习没有任何帮助！你刚才推倒了我，请你立刻跟我道歉！”声音洪亮，带着果敢、刚毅，你不畏惧蛮横的同学，一点儿都不！

通关秘籍

如果你在学校被同学欺负，遇到类似的事情，你会怎么做呢？

- 要有自我保护的意识，保护自己的身心不受他人的伤害。

我们要积极向善，乐于助人，不欺负他人，同时也要学会自我保护，不受任何人的胁迫，不做任何坏事，也不允许任何人欺负我们。

● 一旦被欺负，要立刻勇敢地反抗，告诉对方停止伤害。要对对方说：“请不要欺负我！这是错误的行为！”

● 不压抑情绪，不默默承受，也不独自流泪。被欺负不是我们的错，内向、不爱说话、看起来好欺负、不敢反抗也不是错。不要自卑，也别害怕，更不需要反省。需要反省和改过的是那些欺负人的同学。

● 果断地拒绝对方的无理要求，不做错误的事情，勇敢纠正他们的错误行为。比如帮别人抄作业这一行为就是错误的，必须严厉拒绝。并告诉那位同学，学习要依靠自己的力量，跟他说：“找别人抄作业解决不了根本问题，考试时你还是不会做题。我是不会帮你抄作业的，但我可以帮助你。如果以后你有不会做的题可以来找我，我们一起探讨。”这样可以化解与同学之间的矛盾，让大家可以一起学习和进步。

作者有话说

生而为人，请务必善良。我们不能任由他人欺负，也不应欺辱任何人。少年行走于天地之间，自当仰无愧于天，俯不怍于地。遇事不慌，勇敢反抗。被欺负时，不过度思虑，不自我消耗，任何强势的欺辱都不能击溃你，你永远是最美好的存在。

你知道吗？我希望你一直都幸福快乐，永远不要被他人欺负。时光短暂，而这个世界有太多美好的事物等着你去发现、去探索。所以，你要努力变强，努力增加自己的钝感力！

被孤立很难过，我有好方法“自救”

情景模拟

你因为父母的工作调动换了一所学校读书。在一次科学实验课中，一名同学想跟你交换老师随机发的实验设备，但是被你拒绝了。那位同学因为不熟悉手里的东西，被老师提问时答不上来，所以对你很有意见，并且私下煽动其他同学孤立你。你很难过，应该怎么改变现状呢？

脆弱做法

适应新的生活和学习环境本就很难，现在你又被同学孤立了，你感到更加难过，萌生了退缩之意。你认为自己改变不了现状，从此意志消沉，悲观绝望，变得更加自卑，开始独来独往，一个人在深夜舔舐心灵的伤口，不敢将眼前的困难告诉父母，只能用眼泪宣泄痛苦的情绪。

反脆弱做法

你认为这是“小儿科”的事情，很好解决，你有信心改变现状。接下来的时间，你努力学习，成绩在班里名列前茅，并且乐于帮助同学，主动给同学讲题。此外，你还加强身体锻炼，积极参加学校的体育活动，吸引同频的同学。渐渐地，你有了新的好朋友，心情也一天比一天好。

对于孤立你的那名同学，你选择去解开两人之间的矛盾，但也不纠结结果。矛盾化解了自然很好，但解不开也不焦虑，顺其自然，自己开心才最重要。

通关秘籍

如果你在学校被同学孤立，有办法“自我解救”吗？

● 被孤立很难过，别想着逃避，要正面解决。试着淡化这件事对自己的影响，让自己忙碌起来，比如试着将心思放在学习上。毕竟在学校的主要任务就是学习，你要化孤独为动力，提升自己的成绩，多参加校园活动，寻找拥有共同兴趣的同学，想办法让自己开心起来。

● 找回自信，努力让自己“发光”。要坚信吸引力法则，当自己变得优秀时，对待任何事就能从容自信，毫不扭捏，自然会吸引同样优秀的人。

● 孤立同学本身也属于校园欺凌的一种，鼓动和唆使他人孤立同学或参与孤立同学的行为都是错误的，要树立正确的价值观，抵制任何孤立同学的行为。

● 被孤立时别自责，也别急于将所有过错归咎于自身。可以先跳出思维的怪圈，客观地找到问题的症结，再想办法解决。

● 如果自己没有办法自救，别自暴自弃，也别怨天尤人，要向父母和老师寻求帮助。要相信，任何事情总有解决的办法，也要相信父母一定会站在我们身后，做我们的后盾。

作者有话说

你可能已经知道了，人生不如意之事有很多，经历坎坷和磨难才是常态，并不是所有的人或事都会顺你意。你既不是众人眼中的星星，世界也不会围着你转。

但坎坷和磨难也不是人生的全部。泥泞的路边会有顽强的野花，努力学习的深夜里会有一杯温热的牛奶，你并不是孤军奋战，茫茫夜色中总会有一盏灯是为你而亮，那些坎坷和磨难会磨炼你的意志，让你变得更勇敢。

拒绝被起绰号！我才不做“沉默的羔羊”

情景模拟

你曾经被班里的同学起过绰号吗？稍微胖一些就被他们嘲讽为“小胖子”，因为没有分享给对方零食而被称为“葛朗台”或“吝啬鬼”，经常在流泪时被嘲笑为“爱哭鬼”，穿了跟隔壁班女生一样的衣服就被叫“东施”……这些绰号听起来很不友好，但他们毫不在意，肆意宣扬，每次见到你都要戏耍一番。如果你退缩，匆忙走开，他们会更加肆无忌惮地笑，以后每次见到你都叫这个绰号。如果你反抗，翻脸生气，他们又会说：“不过是玩笑而已，你怎么这么在意？”那么，你是怎么解决的呢？

脆弱做法

你不知道那些同学为什么总喜欢跟你开那些所谓的玩笑，那真的是玩笑吗？那为什么他们笑得那么开心，而你只想找个地缝钻进去？你每次听到那些绰号都很不开心，甚至开始自我否定，认为自己就是绰号代表的意思，开始变得自卑，走路也不敢抬头，只想快点逃离这里。虽然心里不舒服，但你从没想过去制止，只是用沉默做无声的抵抗。

反脆弱做法

被起绰号并不是简单的开玩笑，而是语言霸凌。听了别人给你起的绰号后，你心里感觉很不舒服，决定立刻反驳，于是你开口说："请你不要这样说我，我感觉很不开心，我希望这是最后一次。"不管别人给你起的绰号是什么，都不要对号入座，自我否定。不管怎样，你是最棒的。

通关秘籍

如果你被同学起绰号，正确的做法是什么呢？

● 当第一次听到这个令你感觉不舒服的绰号时就要发声制止，明确告知对方你不喜欢，请停止伤害。别因害怕伤害同学之间的友谊而犹豫不决。真正的友谊是互相督促，共同进步，而不是通过伤害对方来获得快乐。记住，绝对不要被所谓的友谊迷惑，要有自己的立场，坚持做对的事情，反对语言霸凌。

● 不被绰号影响心神，内心要强大。努力拥有一颗“钢铁之心”，抵御外界的不好言论，任何声音都不会伤害到你。被人说胖不要紧，别因为自卑而节食减肥，你要仰首挺胸告诉对方：“我知道我有点胖，但我健康且快乐！”

● 不以暴制暴，不以其人之道还治其人之身，恶意起绰号本身就是错误的，不应该提倡。虽然错在对方，但如果你用给对方起绰号的方法作为还击，那我们与那些进行语言霸凌的人就一样了，都是在犯错误，最后可能导致彼此的关系走向决裂。可以静下心来与对方沟通，明确告知对方这种行为是不对的，要立刻停止。

●如果对方依旧我行我素，不听劝阻，继续用语言伤害你，可以向老师寻求帮助。讲明情况，告诉老师某某同学的行为已经影响到你的学习和生活了，要求老师对其进行教育，并告知对方家长协助教育。

●关注自己的心理健康。一旦持续出现消极、悲观的情绪，脑海中总想起那些霸凌的语言，就要引起重视，告诉父母，让他们带你去看心理医生。

作者有话说

我知道，那些绰号对你是有影响的，虽然你的理智告诉你不要介意，但心里还是会在意。有些不好的话和绰号一旦被当众说出来，就仿佛钉子一样扎进你心里，虽然最后被取出来了，但痕迹还在，你的确被那些绰号伤害到了。

这时要记得告诉自己，别担心，想办法快乐起来，一切都会慢慢变好。

现在我要你记住，无论你是怎样的人，是胖，是瘦，是内向，是开朗，是自卑，还是自信，你永远都是父母的宝贝。在他们眼中，你就是闪闪发光的，与星辰、日、月一样耀眼。那些不好的话、绰号、标签，都是尘埃，只要你愿意，一定有办法可以赶走它们。所以，要加油呀！

8

学习中的难题也要用钝感思维解决

你在学习中遇到过类似的问题吗？上课不敢回答问题，害怕被老师批评；觉得英语很难，偏科得厉害，不知道怎么改变现状；考试之前非常焦虑，失眠多梦，胃口也很差；同学进步比你快，你心里不舒服，产生嫉妒心理……如果你也有这样的困扰，那么可以用心学习这一节课。要知道，学习中的难题也可以用钝感思维解决哦。只要用对了方法，你也可以拥有好成绩！

老师，请相信我能解出这道题

情景模拟

数学课堂测验结果出来了，你有很多题都做错了，其中还有几道题是老师之前讲过的。老师讲完题目后让同学们自行思考。

老师走到你的座位旁时，对你说：“这个类型的题你要抓紧时间学会，再这样错下去可不行了！”

这一瞬间，你感觉全班同学都在看你，你会怎么做呢？

脆弱做法

你此刻就像拧开精神内耗的按钮，心里感觉很不安，开始自我否定。一方面觉得老师对你感到很失望，同一个类型的题反复错，尽管老师讲过很多遍，自己还是不会做，连解题思路都是错的，老师一定觉得自己很笨吧！另一方面，同学们一定看到了你的窘况，在暗地嘲笑你。算了吧，别再跟老师说任何保证的话了，说了他也不会相信。学了这么久还不会解题，大概就是笨吧！别挣扎了！

反脆弱做法

做错题被老师批评，不要自我怀疑，也不要觉得自己笨、学不会，更不要完全不在意老师说的话，任由成绩一落千丈，要将做错题的挫败感和被老师批评的羞耻感转化成学习的动力，告诉自己可以掌握这个知识点，做对这道题！学习需要耐力，要坚持不懈；学习更需要信心，你要相信自己可以做到。如果你遇到类似的情形，请抬起头看着老师的眼睛，自信地对老师说：“老师，请相信我，我一定可以学会这个类型的题，学会正确的解题方法！”注意，声音要洪亮，态度要诚恳。

通关秘籍

一道题，班里的其他同学都学会了，只有你还做错。老师恨铁不成钢，当着全班同学的面批评你，这个时候你要怎么说服自己安心学习呢？

- 你不是笨，只是暂时没有找到解题的诀窍，掌握新知识比其他人慢而已。要勇敢地承认这一点，接纳“慢半拍”的自己。

- 你要重振旗鼓，要对自己有信心，相信你一定可以找到正确的解决方法，可以从以下几个方面入手。

● 面对错题，不要急于解题，要透过题目找到出题老师所要考察的知识点，然后回归课本，找到相应的知识点，再学习一遍，着重看例题，直到融会贯通。

相信“三人行，必有我师焉”，找机会和身边的朋友或同学探讨错题，主动向他们学习，看一看他们是如何解答这道题的，分析他们的解题思路。

不要惧怕老师，也不要觉得老师会认为你笨。一定要虚心请教老师，他会想办法教会你，告诉你解题的窍门。

● 要反思自己的学习方法，找到不足的地方，并及时改进。成绩不好的主要原因是没有掌握正确的学习方法。课前要自主预习；课上要认真听老师讲课，记住老师说的重点和难点；课后要坚持复习，反复记忆，弄懂课本知识后再练习做题。除此之外，还要定期总结，反省学习方法，提高学习效率。

● 学习需要自信心，你要告诉老师自己可以，也请老师相信自己能够做对这道题。但要记住，你要为自己的承诺付出努力，用行动证明自己，不能只说不做，要脚踏实地地学。

作者有话说

你知道吗？为人师者对待学生的心是一样的，正所谓“有教无类”。他们绝不会因为我们做错题或回答错误而嫌弃我们，也不会因为我们总是考不出高分而放弃我们。他们对每一个学生都寄以厚望，希望我们有朝一日可以展翅飞翔。正如李白在《江夏使君叔席上赠史郎中》中所说：“希君生羽翼，一化北冥鱼。”他们知道，让每一个学生都考高分很难，但还是希望我们努力，期盼我们可以长出翅膀，像前程远大的北冥鱼一样，朝着梦想和光的方向飞翔。所以，要加油呀！为了未来闪闪发光的自己！

我的英语口语绝不会一直那么“蹩脚”

情景模拟

在英语课堂上，英语老师找了几个同学做情景演练，让他们分别饰演课本中的人物进行英语对话。英语课代表的英语口语很好，发音标准，语感十足，一开口就惊艳全场。班长的表现也很不错，不仅口语流利，还融入了自己的见解，说了一些课本中没有的长句。还有一位同学说英语很“蹩脚”，没有语调，发音生硬，还总卡壳，但他也勇敢地说完了。等轮到你时，你犹豫了，因为你的口语很差，单词发音不准，还带着浓厚的口音，总是被同学打趣，说你像在说方言，让人听不懂。想到这儿，你更担心了，迟迟不敢开口。遇到类似的情况，你会怎么做呢？

脆弱做法

你迟迟不敢开口，脑海里出现这样的声音："英语老师明知道我的口语不好，说的英语很'蹩脚'，还让我上台进行模拟对话，这不是在为难我吗？同学们又该嘲笑我在说方言了，我才不要说！"想到这，你犹豫是否要立刻回到座位上，告诉老师你说的不好，让她换一个人。或者自己小声一点儿，快点儿说，随便糊弄一下得了，破罐子破摔！

反脆弱做法

暗暗给自己鼓劲儿，告诉自己要试一试，勇敢地说出来。想要提高英语的口语水平，就要多练习，老师提问你也是在给你创造机会，这时一定要把握住，别退缩。"蹩脚"又怎样，说得像方言又如何？只要珍惜每一次说英语的机会，勤加练习，就一定能进步。你早晚能说出一口流利而纯正的英语，惊艳所有人。

通关秘籍

在一个班级里，总有几个同学的英语口语被堪称为教科书级的水平，一开口就让人由衷赞叹。也许此刻的你连英文单词都读不熟，别心急，只要用对了方法，你也可以说出流利的英语。现在，就让我们一起来学习如何提高英语的口语水平吧！

- 练习口语前要夯实基础，熟练掌握涉及的单词，做到熟读，会默写。

● 由兴趣入手，从爱好出发。学习英语也要找到和守护自己的“语言灵性”，挖掘自己学英语的兴趣，做持久学习的打算。将你感兴趣的东西与英语关联起来，如果你喜欢看小说，可以看一些英文原著，如《夏洛的网》《哈利·波特》等。如果你喜欢球类运动，可以试着将涉及到的词语转化为英文，看英文版NBA比赛等。

● 营造英语口语的学习环境。比如，在保证安全的前提下，增加跟外国人沟通的机会；和英语口语好的同学交流，用英文进行日常沟通；在闲暇时播放英文歌曲，看英文版电影。

● 进行同声传译练习，由简入繁，循序渐进，慢慢地提高自己的传译水平。同声传译可以分为两种，分别是英译汉和汉译英。在日常生活中，你可以将听到的话翻译成英文，也可以在看英文电影时进行即时翻译或练习中文翻译。同声传译可以训练我们的临时反应能力，增强英语的口语应用能力。

● 大声地朗读必不可少，练习口语的重要一步就是“张开嘴”。读英语时，别害羞，每个人都是从不会到会，从“蹩脚”到流利。如果不敢或者胆子小，可以找个陌生又热闹的地方大声读，反正没人认识你，丢脸也只是一小会儿。也可以找个无人又安静的地方大声读，慢慢感受自己的进步。

● 英语口语练习要每天坚持，千万不要急于求成或偷懒。要记住一点，每天都坚持学或许在短期内看不到进步，可一旦停止学习，就能看到明显的退步，所以要坚持练习。

作者有话说

有时我会想，安于现状多好啊，那么努力干什么？享受当下不是也很好吗？口语不好就不开口，放弃之后或许更开心呢！

可是，我们只有走过万水千山，历经磨难，坚守初心，机会才会翻过重重山冈来到我们身边。所以才会有“山重水复疑无路，柳暗花明又一村”，有“宝剑锋从磨砺出，梅花香自苦寒来”。我知道，学习很苦，坚持和改变也真的很难。但是，试想一下，当你用流利的英语进行演讲时，同学们一定会对你的改变感到惊艳，那一定感觉很酷吧！

考不出高分也要一直坚持学习

情景模拟

某次期中考试，你考得不好，做错了很多题。于是你下定决心努力学习，每天晚上都学到 11 点。就这样，你坚持到了期末考试，但考试成绩出来后，你不仅没有进步，语文作文还写跑题了。这个时候你会怎么做呢?

脆弱做法

努力学习根本没用，你认为自己太弱了，天生就不是学习的“好料子”，干脆“破罐子破摔”吧。坚持学习那么难，一年都没效果，再继续下去也太傻了，做的全是无用功。你决定还是不要试图改变了，就安安静静地做班级里的“垫底王”吧，就这样吧!

反脆弱做法

放弃不难，但坚持一定很酷。你在坚信“一分耕耘，一分收获”的同时也要懂得“并不是所有努力都会有回报”。学习是一个长期积累的过程，需要坚持不懈。并不是投入了时间，我们就可以很快取得进步。你要告诉自己不要着急，再坚持一下，对这一学期的学习情况进行复盘，是学习方法不对，还是制定的目标不切实际？静下心来，找到自己是在哪个环节出错了，再有针对性地改正。

通关秘籍

努力学习了很久却没有成效，作文还写跑题了，这时该怎么说服自己继续努力学习呢？

● 与自己的潜意识对话，通俗一点儿讲就是“给自己洗脑”，告诉自己“做事不要总想着回报，学习也不要想着分数，想要进步，必定需要大量时间去长期坚持，不能急于求成。”

● 给自己鼓劲儿，做对一道题也要自我鼓励，说：“我可真厉害，有进步哦！慢慢来。”考试分数低、进步慢也不要妄自菲薄，要相信自己可以提升。

● 坚持学习却没有提升，要及时停下来反省，分析原因。可以先拿出一张纸列出自己的学习方法，一一分析这些方法，再向学习好的同学或老师请教，查验方法是否有效，避免做无用功。

● 找到原因后，想办法攻克它。如果不会整理错题本，花费大量的时间去整理错题，却没有弄清楚错题背后的知识点，不会举一反三。那么就要重新学习如何利用错题集，把重点放在研究错题的原因上，先学会正确解题的思路，再做练习来巩固知识点。

● 向同学取经，找到适合自己的学习方法，养成高效的学习习惯。

● 做专项练习，攻克自己的薄弱项。在进行作文练习时，要注意审题，读懂出题老师想要考察的内容，不要着急动笔，要多思考。

作者有话说

你知道吗？我们每个人学习进步的时区都不一样，有些人进步很快，聪明又自信，是天之骄子，闪闪发光；而有些人看似很慢，笨拙地生活和学习，但大器晚成，终会在自己的时区里闪烁着微光。有时承认自己是“慢时区”里的人很难，但有什么关系呢？我们一样在努力，在与弱点做抗争，虽然很慢，但我们一直在向前。

答应我，要慢慢学，坚持住。在独属于自己的时区里逐渐发光、发热，找准自己的节奏，持之以恒，享受拼搏和努力的“慢时光”。

考试焦虑不要怕，正面面对是诀窍

情景模拟

放学后，你和同桌探讨期末考试的事情，她对你说：“我每次考试之前都睡不好，怕考不好。考试时也很紧张，遇到不会做的题就慌，根本答不完题，你说我该怎么办啊？我这次的分数一定很低。”这个时候你要怎么帮助同桌缓解她的考试焦虑感呢？

脆弱做法

同样对考试感到焦虑的你仿佛找到了知音，你在心里感慨道：“原来会焦虑的不只是我，学习很好的同桌也是如此，总算有人陪我了。”于是你也分享自己的焦虑：“我也是，考试前一晚几乎整晚睡不着，坐在考场上就手抖，前半小时连字都写不好。”说完后，你和同桌感到更焦虑了。

反脆弱做法

虽然你也很害怕考试，但你从班长那里学到了几个应对考试焦虑的方法，你决定分享给同桌，和他一起正面面对，不逃避。你对同桌说："班长说了，适度的焦虑可以转化成学习的动力，过度焦虑就需要认真对待了。别怕，咱们一起想办法克服，要对自己有信心，我们绝对能做到！"

通关秘籍

提起考试就焦虑不安，害怕考不好，你有什么行之有效的方法吗？

- 调整心态，对待考试要内心强大，别太在意考试结果，心态要平和，不过度思虑。尤其在夜晚，过度思虑会让大脑处于兴奋状态，影响睡眠。

- 当你感到焦虑不安时，立刻停止思考，采用移情法转移自己的注意力，放松心情。比如去公园散步、慢跑、听音乐、看书、拼图等。总之，要将关注点，从焦虑转移到自己感兴趣的事情上。

● 考试的准备工作要到位：要认真复习，系统地梳理所学的知识，用心看错题本，避免下次考试出现同样的错误；考试前一天要准备好可以带入考场的文具；考前的饮食要清淡，并进行适度锻炼，让身体处于健康状态；考前可以去考场实地感受一下，缓解紧张的心理。

● 如果坐在考场的座位上还是感到心跳加快，紧张不安，那么可以试试深呼吸法：深吸一口气，再长长地呼出去，反复 3~5 次。

● 在考试过程中遇到难题或不会做的题时不要钻牛角尖，也别耽误时间，先做下一道题，等做完整个卷子后再回过头来集中精力攻克难题。考完一科后别急于和同学对答案，以免影响下一科考试的心情。考完后可以适当地放松，注意休息。

作者有话说

现在的你还会为考试感到焦虑吗？会认为考试是挡在自己面前的一座大山吗？会感到紧张、害怕、不安、内心压力大吗？我现在告诉你，想要将这座山永远地从生活中移除是不可能的，它会以不同的形式出现在你今后的学习和生活中，在学校要考试，进入社会同样需要考试。既然它不会消失，我们就要适应它的存在，将考试看作是“磨刀石”。从此刻起，克服恐惧，翻越高山，去看更远处的风景吧！

上课主动发言，说错了不要紧

情景模拟

在小学五年级的语文课堂上，语文老师让班里的同学轮流读课文。看到老师指着你所在的一排，你的心一下子就凉了，完全没有准备的你非常紧张，心跳加快，手足无措。你同桌读得声情并茂，抑扬顿挫，很有气场。而轮到你时，你声若蚊蚋，一段课文读错三处，还有一个字不认识，重复几次才读完。你不敢抬头去看老师，也站不直，缩着身体，手还在发抖。老师很不满意你的表现，要你好好预习和复习，下次还要提问你读课文，你会有什么打算呢？

脆弱做法

你感到很丢脸，脸唰地一下红透了，心久久不能平静，心情低落到极点。你觉得自己被周围的同学嘲笑，你感到无地自容，开始自怨自艾，甚至自卑，再也不想在课堂上回答问题了。

反脆弱做法

这次你在课堂上的表现很不好，最主要的原因是没有预习课文，临场发挥水平不高。虽然你感到很丢脸，但是没关系，你深吸一口气，调整了一下难过的心情，并且自我鼓励："我不会永远都表现得不好，我要努力学习，做好准备，当老师再提问我时，我一定有进步！"你反省和总结了自己的不足，有针对地进行训练，认真预习和复习，加强口语表达训练。在课堂上，你主动举手回答老师提出的问题，并且勇敢地说出自己的见解。你的进步被老师看在眼里，她当众表扬了你。于是你更加自信，继续积极主动地跟老师在课堂上互动，始终坚信一点："上课要积极发言，说错了没有关系，改正错误就好啦！"

通关秘籍

一直以来，你都积极主动地回答老师在课堂上提出的问题。但最近你答错了几个问题，在黑板上解数学题时也解错了，被老师纠正后，你觉得不好意思，有些羞愧，不敢再举手答题了，怕再说错。这个时候，你要怎样说服自己上课继续主动发言呢？

- 告诉自己答错题很正常，在学习的过程中要允许自己犯错，错误不是耻辱，而是提醒我们需要继续学习，改正错误。

● 继续保持在课堂上积极发言的学习状态，主动和老师互动有利于提高学习效率，增强对知识点的理解和记忆。

● 为了更准确地回答问题，要做好课前的自主预习，标记出疑难点，课上着重听老师对此的讲解。拿语文举例，课前预习要熟读课文，掌握生字，理解生词，这样在课堂上读课文时才不会感到紧张。

● 当答错题或课堂表现不好时，别意志消沉，要想办法调整心态，内心强大地面对，哪里不会就着重学哪里，直到学会为止。

作者有话说

上课答错题就要退缩吗？当然不。在学习时，我们更应该用钝感思维去积极解决问题，不要因一次的失误或错误影响心情。我们不妨将成长的时间轴拉长，你会发现那一次错误的发言只是学习生涯中的一抹尘埃，它不会影响你继续前进的脚步。

同学进步比我快，我要向他学习

情景模拟

考试结束后，老师将易错题讲了一遍，你觉得自己考得还可以，比之前有进步，但在整理错题本时，你发现同桌错题本上的题很少，你心中渐渐泛起酸意。你们之前的学习成绩差不多，没想到他进步得这样快，快到你都追不上了。于是你心中燃起了嫉妒的小火苗，这时你该怎么办呢？

脆弱做法

看着身边的人比自己优秀，你感到非常不开心，听到老师夸他表现好时，就更加嫉妒他。这时你脑海中出现一个声音：“同样的起跑线，凭什么他考得那么好？我这次有几道题做马虎了，不然我一定比他强！以后不跟他玩儿了。”在心里不平衡的同时，你还会陷入自我否定中："同样在学习，难道我比别人笨吗？"

反脆弱做法

当身边的同学比自己进步快时，你没有心里不平衡，也不妄自菲薄，给自己贴上"学不好"或"笨"的标签。你跟同桌沟通了一下，发现他有很多值得你学习的地方。比如作文立意深刻，抒情发自内心，修辞手法用得巧妙；英语听力很好，口语也超强。最关键的是数学学得很好，大题的解题思路清晰，没有马虎出错的地方。你反省了自己的不足，下定决心向他学习！你告诉自己："同桌比我进步快是好事！我要向他学习！一起进步！"

通关秘籍

当身边的同学或好朋友比你进步快时，聪明的做法是什么呢？

- 减少不必要的精神内耗，将注意力集中在自己身上，正视自己与进步快同学的差距，了解自己的不足。

- 同学之间的关系应该是良性竞争、互相督促、共同进步的。你真正的竞争对手是自己，只要这一次的学习成绩比上次高，积累的知识比从前多，就是进步。

- 总结和归纳自己在学习上的问题，通过错题本来查缺补漏，回归书本去夯实基础，再做练习题来检验知识的掌握程度，看看自己是否会举一反三。

- 向进步快的同学学习，请教他们学习方法，提高自己的学习效率。

- 学习是一个长期积累的过程，在同学进步快时不要心急，要耐心等候，坚持学习，找到最适合自己的高效学习方法。

作者有话说

也许很多人不理解，少年时代的学生能有什么烦恼呢？正是不识愁滋味的年华，只要学习就好啦。但实际上，我们的烦恼和压力不比大人少，会被一些看起来很小的事情消耗心神，从而内耗过多，影响学习效率。

答应我，从此刻开始，减少不必要的精神内耗，用钝感思维解决难题。无论是考试成绩低、学不会数学、英语短文难背，还是同学比自己学习好、进步快、回答错误被老师批评等，冷静下来，别过度挖掘自己的不足，放大自己的缺点，要勇敢地面对，做出改变。击倒所谓的精神内耗，自内而外地生长，相信你可以乘风破浪，成为更美好的自己！

寻找反脆弱秘籍的航海邮轮现在抵达终点啦！你有找到适合自己的反脆弱方法吗？如果你的答案是肯定的，那么恭喜你找到宝藏，从此进入升级阶段，要继续保持，努力修炼哦！

如果你的答案是否定的，也没关系。人生就是这样，并不是所有的努力都会有回报，这也是反脆弱学习中的重要一课。告诉自己没关系，再学一次，你只是发光的时区跟别人不一样罢了。要相信，只要你坚持，或早或晚，你一定可以成为耀眼夺目的新星！

不必等待烟火，你就是那微光。

后记：愿你有向云而冲的勇气

“我能成为一个闪闪发光的人吗？”我曾这样问过自己。

我憧憬自己能够成为万众瞩目的人，变成人群中的焦点，享受鲜花和掌声。可现实给了我沉重的打击，我根本不会发光，而且还很脆弱。

大概是在小学四年级吧，语文老师叫我站起来读课文，我完全没有准备，胆子又小，还没开口说话脸就红了。一段课文读得磕磕巴巴，声音很小，还打着颤，双手更是抖个不停，很是丢脸。结果自然是被老师说，她让我赶紧练一练，否则将来跟人交流时连话都说不清。

在高中的毕业典礼上，隔壁班的班长在台上发表毕业感言，我坐在台下遥遥看着，真羡慕，好想像他一样站在台上演讲。彼时，我只是众多毕业生中的一员，完全不知道自己的未来在哪。

大三那年，我开始尝试写小说，但读者很少，每天看着空空的评论区，我都有一种无力感，觉得倍受打击，我想自己可能不是写作的料。那时候觉得成为自己理想中的人太难了，学习很枯燥，生活坎坷多，每一次的失败都让人感到压力倍增。可我不想放弃，虽然我很脆弱，但我想要成为一个闪闪发光的人。

被语文老师批评后，我大哭了一场，觉得自己很丢脸，一边擦干眼泪，一边发誓要改变。从那以后，我每天早上都会早起一小时去院子里读课文、背古诗。我开始大量阅读书籍，练习写作文。一个月后，我再也不怕被老师提问了，被叫起来读课文也不紧张了，会腰杆挺直，人也自信了许多。

写文章没有人看时，我对自己说："只要有一个读者，我就会坚持写，万一一个读者都没有，我就是自己的读者。"这一坚持，就是十年。这十年来，我笔耕不辍，每天都在写稿、改稿，有时一篇稿子被编辑打回十几次，那我就改十几次，我从未想过退缩。就是在这样日复一日的坚持下，十年后，我找到了当年在高中毕业典礼上演讲的同学帮我写新书推荐。当文字被印在书上时，我感觉青春时代的梦想实现了，我变成了一个闪闪发光的人。

或许你此刻正在放弃的边缘挣扎，学了很久还是不会解数学题，语文作文练了一年多还是会写跑题，花了很多精力练英语口语依旧不够流利，试了几次主动交朋友还是失败……太难了，压力好大。

可是，听了我的故事之后，现在的你会像我一样向着心中的目标努力学习、争取改变吗？

我想应该会吧！你也许还不知道自己的未来能有多美好，潜能有多强大。要自信一些呀！努力开发自己的潜力，用对方法，为自己的未来拼搏。告诉自己，你值得更好的生活，你的未来将不可限量。

愿你可以像鸿鹄一样向云而冲，实现自己的梦想。

这本书送给我的女儿雨桐，希望她可以平安快乐地长大，做一个积极、乐观、勇敢、善良的人。